高等级生物安全实验室防护设备现状与发展

主　审　武桂珍　祁建城　陆　兵　王　华　翟培军

主　编　赵赤鸿　邴国霞　生　甡

副主编　田德桥　李　晶　曹国庆　周永运

编　者（"实验室生物安全装备的现状分析与发展战略研究"课题组成员，按姓氏汉语拼音排名）
　　　　邴国霞　曹国庆　董昕欣　高艳艳　李　晶　李沐阳
　　　　李思思　李文京　刘　艳　生　甡　田德桥　王　荣
　　　　薛晓芳　赵赤鸿　周永运

组织编写　中国疾病预防控制中心

人民卫生出版社
·北　京·

图书在版编目（CIP）数据

高等级生物安全实验室防护设备现状与发展 / 中国
疾病预防控制中心组织编写 . —北京：人民卫生出版社，
2022.1

ISBN 978-7-117-32500-4

Ⅰ.①高…　Ⅱ.①中…　Ⅲ.①生物学 —实验室管理 —
安全设备 —研究　Ⅳ.①Q-338

中国版本图书馆 CIP 数据核字（2021）第 242416 号

人卫智网	www.ipmph.com	医学教育、学术、考试、健康，购书智慧智能综合服务平台
人卫官网	www.pmph.com	人卫官方资讯发布平台

高等级生物安全实验室防护设备现状与发展
Gaodengji Shengwu Anquan Shiyanshi Fanghu Shebei
Xianzhuang yu Fazhan

组织编写： 中国疾病预防控制中心
出版发行： 人民卫生出版社（中继线 010-59780011）
地　　址： 北京市朝阳区潘家园南里 19 号
邮　　编： 100021
E - mail： pmph @ pmph.com
购书热线： 010-59787592　010-59787584　010-65264830
印　　刷： 河北新华第一印刷有限责任公司
经　　销： 新华书店
开　　本： 787×1092　1/16　　印张：9
字　　数： 208 千字
版　　次： 2022 年 1 月第 1 版
印　　次： 2022 年 2 月第 1 次印刷
标准书号： ISBN 978-7-117-32500-4
定　　价： 39.00 元

打击盗版举报电话：010-59787491　E-mail：WQ @ pmph.com
质量问题联系电话：010-59787234　E-mail：zhiliang @ pmph.com

前　言

　　生物安全实验室的发展源于对病原微生物的研究和传染病防控的需要。近些年,随着严重急性呼吸综合征(severe acute respiratory syndrome,SARS)、禽流感、埃博拉病毒病等新发、突发传染病不断出现,以及2001年美国"炭疽邮件"事件后各国对生物恐怖的担心,全球范围内高等级生物安全实验室数量快速增长。我国高等级生物安全实验室的建设和管理也得到广泛和高度重视,发展十分迅速。从2003年发生SARS疫情到2018年7月,在卫生健康、动物疫病、检验检疫、高校、科研院所等系统内建设了60余个高等级生物安全实验室。

　　生物安全防护设备是高等级生物安全实验室的硬件基础和关键防护屏障,是决定高等级生物安全实验室建设和运行水平的关键要素。我国生物安全关键防护设备研发起步晚,长期以来主要依赖进口。SARS疫情之后,我国政府将生物安全设备研发的相关内容列入《国家中长期科学和技术发展规划纲要(2006—2020年)》和国家《"十二五"生物技术发展规划》。在政府高度重视和大力支持下,历经近15年的科技攻关,生物安全实验室关键防护设备取得了长足的发展,生物安全型高效空气过滤装置、生物型密闭阀、气密门、气密传递窗等系列防护设备已实现产业化,已基本能够满足生物安全三级实验室的建设需求,能够较好地支撑实验室生物安全科技发展;正压防护服、实验室生命支持系统、化学淋浴等生物安全四级实验室核心防护设备研发制造的关键技术也取得了重大突破;在产品的标准制定和专利申请方面,也参考了国外的已有成果,逐步发展起来。

　　为掌握国内高等级生物安全实验室生物安全防护设备现况,对比分析国内外生物安全防护设备的关键技术、知识产权、技术标准等方面的差异,分析我国生物安全防护设备的不足,提出我国实验室生物安全设备技术与产品的重点研发方向,为国家政策制定提供技术支撑,中国疾病预防控制中心联合中国动物疫病预防控制中心、中国合格评定认可中心、军事科学院军事医学研究院等机构,对我国高等级生物安全实验室生物安全防护设备的现状、国内外实验室生物安全防护设备知识产权和标准进行了调研、分析和研究。经过近两年的时间,完成了数据整理和分析,进而提出了我国实验室生物安全防护设备研究发展的一些建议,并最终编制完成了此书。通过研究分析,我们可以清晰地看到,从2004年至2018年的15年时间里,我国高等级生物安全实验室设备的研发、生产和使用全面发展,高等级生物安全实验室的设施、设备条件得到了明显改善与提升。尤为重要的是,2014年西非埃博拉病毒病疫情暴发流行后,我国利用国产设备在塞拉利昂建设了海外第一个固定生物安全三级实验室,这是我国高等级生物安全实验室建设和相关设备研发与生产能力发展与提高的最强有力的例证。

本次调查是第一次全国性的关于高等级生物安全实验室生物安全相关设备、配备使用情况的调查,也是设备相关标准和专利发展的首次国内外进展情况的比较与分析。因此,在调查组织、指标设计、覆盖层面选择等方面还缺乏经验,在数据利用和结果分析过程中还难免存在较多问题和不足。敬请我国各高等级实验室的设立单位、相关专家和读者多给予批评指正,以便在今后再版过程中予以修订,不断完善。

此书的出版得到了国家重点研发计划课题"实验室生物安全装备的现状分析与发展战略研究"(2016YFC1201405)的资助,同时也得到了国家相关主管部门、各实验室设立单位以及国内实验室生物安全领域权威专家的大力支持和帮助,在此表示衷心感谢。希望本书的出版能为我国高等级生物安全实验室设备的配置与使用、标准编制、知识产权维护、产业发展等提供有力参考和支持。

编写组
2021 年 10 月

目　　录

第一章

国内外高等级生物安全实验室概况

高等级生物安全实验室主要是指生物安全三级、生物安全四级实验室。高等级生物安全实验室是保护实验室工作人员不被感染、外界环境不受污染的防护屏障,是从事高致病性病原微生物检测和科学研究的重要技术平台,也是应对新发、突发传染病的重要基础设施、维护国家生物安全的重要保障。近年来,高致病性病原微生物引发的烈性传染病在全球范围内不断出现,世界各国十分重视高等级生物安全实验室建设。

第一节　国外高等级生物安全实验室概况

生物安全实验室的发展源于对病原微生物的研究和传染病防控的需要。历史上,生物武器的研发促进了高等级生物安全实验室的发展。1944年,世界上第一台Ⅲ级生物安全柜(biosafety cabinests,BSC)被用于美国马里兰州德特里克堡美国陆军生物武器实验室,这是全球第一个高等级生物安全实验室。近些年,随着严重急性呼吸综合征(severe acute respiratory syndrome,SARS)、禽流感、埃博拉病毒病等新发、突发传染病不断出现,以及2001年美国"炭疽邮件"事件后各国对生物恐怖的担心,高等级生物安全实验室数量快速增长。这些高等级生物安全实验室对提高其所在国家生物威胁应对能力发挥着重要作用。

一、全球高等级生物安全实验室总体情况

生物安全实验室根据防护水平分为四个等级,其中生物安全四级实验室是防护等级最高的实验室。近些年,全球生物安全三级和生物安全四级实验室快速增长。以美国为例,其运行和建设中的生物安全四级实验室有十余个,生物安全三级实验室有上千个。一些报告中报道了全球生物安全四级实验室数量、分布情况,由于全球尚无生物安全四级实验室的正式认定机构,加之生物安全四级实验室包括运行中、建设中、计划建设中等不同建设状态,且

部分实验室出于保密原因,不对外公开信息,导致一些数据存在差异。表1-1列出的是被广泛认可,正在运行中的全球生物安全四级实验室情况。表中数据主要是根据《禁止生物武器公约》各国提交的建立信任措施(confidence building measures,CBM)信息,以及世界卫生组织(World Health Organization,WHO)截至2017年12月的统计数据。

表1-1　全球生物安全四级实验室情况

序号	国家	实验室	隶属部门	地点
1	美国	美国陆军传染病医学研究所(U.S.Army Medical Research Institute of Infectious Diseases,USAMRIID)	国防部	马里兰州德特里克堡(Fort Detrick)
2	美国	国家生物防御分析和应对中心(National Biodefense Analysis and Countermeasures Center,NBACC)	国土安全部	马里兰州德特里克堡(Fort Detrick)
3	美国	疾病预防控制中心(Centers for Disease Control and Prevention,CDC)	卫生与公众服务部	佐治亚州亚特兰大(Atlanta)
4	美国	过敏与感染性疾病研究所(National Institute of Allergy and Infections Diseases,NIAID)德特里克堡研究设施(Integrated Research Facility at Fort Detrick)	国立卫生研究院	马里兰州德特里克堡(Fort Detrick)
5	美国	过敏与感染性疾病研究所落基山实验室(Integrated Research Facility at Rocky Mountain Laboratories)	国立卫生研究院	蒙大拿州汉密尔顿(Hamilton)
6	美国	加尔维斯顿国家实验室(Galveston National Laboratory)	得克萨斯大学医学部	得克萨斯州加尔维斯顿(Galveston)
7	美国	得克萨斯生物医学研究所(Texas Biomedical Research Institute)	—	得克萨斯州圣安东尼奥(San Antonio)
8	美国	国家B病毒资源实验室(National B Virus Resource Laboratory)	佐治亚州立大学	佐治亚州亚特兰大(Atlanta)
9	美国	国家新发感染性疾病实验室(National Emerging Infectious Diseases Laboratories)	波士顿大学	马萨诸塞州波士顿(Boston)
10	加拿大	加拿大人类和动物健康科学中心(Canadian Science Centre for Human and Animal Health)	加拿大公共卫生部	马尼托巴省温尼伯(Winnipeg)
11	加拿大	国家外来动物疾病中心(National Centre for Foreign Animal Disease)	加拿大食品检验局	马尼托巴省温尼伯(Winnipeg)
12	英国	国防科学和技术实验室(Defence Science and Technology Laboratory,DSTL)	国防部	威尔特郡索尔兹伯里波顿当(Porton Down)
13	英国	英国公共卫生署-科林代尔实验室(Public Health England-Colindale)	卫生与社会关怀部	伦敦科林代尔(Colindale)

续表

序号	国家	实验室	隶属部门	地点
14	英国	英国公共卫生署 - 波顿当实验室（Public Health England-Porton）	卫生与社会关怀部	威尔特郡索尔兹伯里波顿当（Porton Down）
15	英国	国家生物标准及控制研究所（National Institute for Biological Standards and Control）	卫生与社会关怀部	赫特福德郡波特斯巴（Potters Bar）
16	英国	弗朗西斯·克里克研究所（Francis Crick Institute）	—	伦敦（London）
17	德国	Bernhard-Nocht 热带医学研究所	汉堡市	汉堡（Hamburg）
18	德国	联邦动物卫生研究所（Federal Research Institute for Animal Health）	联邦食品和农业部	格赖夫斯瓦尔德（Greifswald）
19	德国	马尔堡·菲利普大学病毒学研究所（Institute of Virology，Philipps-University Marburg）	马尔堡·菲利普大学	马尔堡（Marburg）
20	德国	罗伯特科赫研究所（Robert Koch Institute）	卫生部	柏林（Berlin）
21	瑞典	瑞典公共卫生署高防护等级实验室（High Containment Laboratory，Public Health Agency of Sweden）	瑞典公共卫生署	索尔纳（Solna）
22	瑞士	施皮茨实验室（Spiez Laboratory）	国防部	施皮茨（Spiez）
23	瑞士	新发病毒性疾病国家参考中心（National Reference Center for Emerging Viral Infections）	日内瓦大学	日内瓦（Geneva）
24	瑞士	医学病毒学研究所（Institute of Medical Virology）	苏黎世大学	苏黎世（Zurich）
25	法国	让·梅里厄生物安全四级实验室（Jean Merieux BSL-4 Laboratory）	法国国家健康与医学研究院（French National Institute of Health and Medical Research，INSERM）	里昂（Lyon）
26	意大利	国家传染病研究所（National Institute for Infectious Diseases）	—	罗马（Roma）
27	意大利	米兰大学医院（L. Sacco University Hospital）	米兰大学	米兰（Milan）
28	俄罗斯	病毒学与生物技术国家研究中心（State Research Center of Virology and Biotechnology，VECTOR）	卫生与社会发展部	新西伯利亚科利佐沃（Koltsovo）
29	捷克	军事卫生研究所（Military Health Institute）	国防部	布拉格（Prague）

序号	国家	实验室	隶属部门	地点
30	捷克	国家核化生防护研究所（National Institute for Nuclear, Chemical, and Biological Protection）	—	布拉格（Prague）
31	匈牙利	国家流行病研究中心（National center for epidemiology）	—	布达佩斯（Budapest）
32	澳大利亚	澳大利亚动物健康实验室（Australian Animal Health Laboratory, AAHL）	澳大利亚联邦科学与研究组织	维多利亚州东吉朗（East Geelong）
33	澳大利亚	国家高安全检疫实验室（National High Security Quarantine Laboratory, NHSQL）	卫生部	维多利亚州墨尔本（Melbourne）
34	澳大利亚	昆士兰卫生法医科学服务实验室（Queensland Health Forensic Scientific Services, QHFSS）	昆士兰州卫生部	昆士兰州（Coopers Plains）
35	澳大利亚	临床病理学和医学研究所新发感染性疾病和生物危害应对单元（Emerging Infections and Biohazard Response Unit, Institute for Clinical Pathology and Medical Research）	新南威尔士州	新南威尔士州韦斯特米德（Westmead）
36	南非	国家传染性疾病研究所特殊病原体室生物安全四级实验室（Special pathogens unit, national institute for communicable diseases, NICD）	—	约翰内斯堡（Johannesburg）
37	中国	中国科学院武汉病毒研究所（Wuhan Institute of Virology, Chinese Academy of Sciences）	中国科学院	武汉（Wuhan）
38	日本	国立传染病研究所（National Institute of Infectious Diseases）	厚生劳动省	东京（Tokyo）
39	印度	国家病毒学研究所（National Institute of Virology）	印度医学研究委员会	浦那（Pune）
40	韩国	韩国疾病预防控制中心（Korea Centers for Disease Control and Prevention）	—	清州（Cheongju）

二、国外主要高等级生物安全实验室简介

（一）美国陆军传染病医学研究所

美国陆军传染病医学研究所（United States Army Medical Research Institute of Infectious Diseases, USAMRIID）成立于 1969 年，隶属于美国陆军医学部的陆军医学研究和装备司令部，是美国重要生防机构。该研究所位于马里兰州德特里克堡。德特里克堡在 1941 年美国珍珠港遭受袭击后到 1969 年美国尼克松总统宣布停止生物武器计划期间是美国生物武器

研发中心。

根据美国 2020 年提交《禁止生物武器公约》的建立信任措施宣布(CBM)信息,美国陆军传染病医学研究所总实验室面积为 30 351m²,其中生物安全二级实验室面积为 26 026m²,生物安全三级实验室面积为 3 139m²,生物安全四级实验室面积为 1 186m²;总工作人员为 746 人,其中军人 182 人,地方人员 564 人。

(二) 美国国家生物防御分析和应对中心

美国国土安全部成立后建立了国家生物防御分析和应对中心(National Biodefense Analysis and Countermeasures Center,NBACC),主要职责是分析当前和未来的生物威胁,评估弱点,进行微生物法医学分析等。NBACC 人员大约 150 人,地点位于美国马里兰州德特里克堡的国家综合生物防御园区内。NBACC 的生物安全三级和生物安全四级实验室在 2011 年 11 月开始运行。根据 2020 年 CBM 信息,NBACC 总实验室面积为 4 851m²,其中生物安全二级实验室面积为 1 307m²,生物安全三级实验室面积为 2 564m²,生物安全四级实验室面积为 980m²,总人数为 193 人。

NBACC 包括三个主要组成部分:国家微生物法医学分析中心(National Bioforensic Analysis Center,NBFAC)和国家生物威胁鉴别中心(National Biological Threat Characterization Center,NBTCC)位于美国马里兰州德特里克堡,生物防御信息中心(The Biodefense Knowledge Center,BKC)依托加利福尼亚州的劳伦斯·利弗莫尔国家实验室。国家微生物法医学分析中心对于生物犯罪和恐怖袭击进行微生物法医学分析,通过生物指纹(biological fingerprint)等技术帮助确定犯罪分子或袭击人员,判断袭击的来源和方式。国家生物威胁鉴别中心进行实验室研究以更好地了解当前和未来的生物威胁,评估薄弱环节,进行危险评估,判断潜在影响,发展应对措施,如监测、药物、疫苗和洗消技术等。生物防御信息中心于 2004 年建立,其职能为评估一些新技术被恶意利用以及生物剂的获得、大规模培养和播散的可能性等。

(三) 美国疾病预防控制中心

美国疾病预防控制中心(Centers for Disease Control and Prevention,CDC)于 1946 年 7 月 1 日在美国亚特兰大成立,成立之初的名称为感染性疾病中心。当前,CDC 为美国卫生与公众服务部的 13 个主要机构之一,有超过 1.5 万名工作人员分布在美国和全球各地。根据 CBM 信息,美国疾病预防控制中心位于亚特兰大的感染性疾病防控相关实验室总面积为 2 176m²,其中生物安全二级实验室面积为 423m²,生物安全三级实验室面积为 1 220m²,生物安全四级实验室面积为 533m²,人员共计 222 人,其中军人 6 人,地方人员 216 人。

(四) 美国过敏与感染性疾病研究所

美国过敏与感染性疾病研究所(National Institute of Allergy and Infectious Diseases,NIAID)隶属于美国卫生与公众服务部(Department of Health and Human Services,HHS)的国立卫生研究院(National Institutes of Health,NIH)。

NIAID 的历史可以追溯到 1887 年在纽约海军医院建立的一个小实验室。1948 年,国立卫生研究院组建了国立微生物研究所(National Microbiological Institute),1955 年,国立微生物研究所改名为过敏与感染性疾病研究所。NIAID 的研究目标包括支持基础和应用研究,以更好地了解、应对和预防感染性及过敏性疾病,其强调基础研究的重要性,同时也注重将基础研究的成果进行应用研究,如诊断、治疗及疫苗研究等。

NIAID 在马里兰州德特里克堡的综合研究设施(Integrated Research Facility at Fort Detrick,IRF)于 2009 年完工,由巴特尔研究所(Battelle Memorial Institute)负责运行。根据 2020 年 CBM 信息,其实验室总面积为 2 183m²,其中生物安全二级实验室面积为 878m²,生物安全四级实验室面积为 1 305m²,总人数为 91 人。

NIAID 落基山实验室(Integrated Research Facility at Rocky Mountain Laboratories)位于蒙大拿州汉密尔顿,主要研究媒介昆虫疾病,包括落基山斑点热、Q 热和莱姆病等。实验室总面积为 2 913m²,其中生物安全二级实验室面积为 1 361m²,生物安全三级实验室面积为 407m²,生物安全四级实验室面积为 1 145m²,总人数有 120 人。

(五)美国得克萨斯大学医学部

美国得克萨斯州加尔维斯顿的得克萨斯大学医学部(University of Texas Medical Branch at Galveston,UTMB)设有生物安全四级实验室。2003 年,得克萨斯大学医学部投入 1.5 亿美元建设高等级生物安全四级实验室,用于进行高危险等级病原体研究,生物安全四级实验室面积为 1 022m²。

(六)美国得克萨斯生物医学研究所

得克萨斯生物医学研究所(Texas Biomedical Research Institute)位于得克萨斯州圣安东尼奥,成立于 1941 年,研究内容包括心血管疾病、糖尿病、肥胖、精神疾病以及艾滋病、肝炎、疟疾、寄生虫病等感染性疾病,生物安全四级实验室面积为 114m²。

(七)美国佐治亚州立大学病毒免疫中心

佐治亚州立大学病毒免疫中心国家 B 病毒实验室位于亚特兰大。B 病毒又叫猴疱疹病毒(Herpesvirus simiae)。B 病毒同人的单纯性疱疹病毒相近,它可引起恒河猴疱疹样口炎,可使人类产生致死性的脑炎或上行性脑脊髓炎。乔治亚州立大学病毒免疫中心的生物安全四级实验室面积为 60m²。

(八)加拿大人类和动物健康科学中心

加拿大人类和动物健康科学中心(Canadian Science Centre for Human and Animal Health)位于马尼托巴省的温尼伯。其生物安全四级实验室 1992 年开始建设,1998 年建成使用,整个建设工期为 6 年,建筑面积约 30 000m²,总投资 3 亿加元,约合 20 亿人民币。第一层为废弃物处理层,主要有液体废物收集管道、液体废弃物处理设备和固体废弃物处理设备。第二层为实验室的核心,即含有生物安全三级、生物安全四级实验室和动物生物安全三级、动物生物安全四级实验室的工作层。第三层为空气处理层,主要设备有给排气的高效滤器单元、风机、空调机组、化学淋浴设备等。根据 2020 年 CBM 信息,生物安全四级实验室面积为 185m²。

(九)英国国防科学和技术实验室

英国国防科学和技术实验室(Defence Science and Technology Laboratory,DSTL)是英国参与生物防御的主要机构,位于威尔特郡的波顿当。DSTL 包括以下几个部门:①环境科学部。负责提供国防部生物、化学和放射性危险物质的评估、管理、监控,包括其运输和储存安全。②监测部。负责研究和发展传感器等装置来探测化学和生物剂,进行危险评估和事件处置,以及进行化学和生物袭击的确认。③生物医学科学部。负责提供针对化学和生物剂有效的医学应对措施,进行重要病原体的基因组学以及疫苗和抗生素的研究。根据2020年CBM信息报道,生物安全二级实验室面积为1 600m²,生物安全三级实验室面积为1 050m²,生物安全四级实验室面积为335m²,总人数为557人。

（十）瑞士施皮茨实验室

施皮茨实验室(Spiez Laboratory)所在的施皮茨镇位于伯尔尼东南30多千米处,图恩湖南岸一水湾边上,海拔628米。瑞士施皮茨实验室进行核生化应对相关研究,建有生物安全四级实验室。其中,生物安全二级实验室面积为483m²,生物安全三级实验室面积为126m²,生物安全四级实验室面积为118m²。

（十一）法国里昂让·梅里厄生物安全四级实验室

法国里昂让·梅里厄国家卫生及医学研究院生物安全四级实验室于1999年3月在里昂正式运行,为当年所成立的欧洲传染病病毒学免疫学研究中心的一部分。自2004年起,让·梅里厄生物安全四级实验室成为国家级实验室,由国家卫生及医学研究院(French National Institute of Health and Medical Research,INSERM)进行监督并负责行政管理工作。让·梅里厄生物安全四级实验室面积为600m²,全部用玻璃和钢板建成,其主楼分为三层:上层是空气处理区,保证实验室人员和动物的呼吸用气及实验室空气的消毒;下层是废物处理区,对实验室器材和实验垃圾进行消毒;中层为生物安全四级防护区,由两个面积为60~70m²相互独立的实验室和一个动物实验室组成。

（十二）俄罗斯病毒学和生物技术国家研究中心

俄罗斯病毒学和生物技术国家研究中心(State Research Center of Virology and Biotechnology,VECTOR)1974年建于新西伯利亚地区的科利佐沃(Koltsovo),世界卫生组织正痘病毒属诊断和天花病毒株与DNA储存合作中心于1997年在该中心设立,位于1986年建造的一个专门的实验楼内。实验楼是一个占地面积为6 330m²的四层独立建筑,该实验楼一层和四层为工程支持层,一层设有人员更衣室和收集消毒溶液准备区,二层和三层是工作区,每层面积为1 580m²,由生物安全三级防护区(具有生物安全四级要素)组成。

（十三）澳大利亚动物健康实验室

澳大利亚动物健康实验室(Australian Animal Health Laboratory,AAHL)位于维多利亚州吉朗市,建有生物安全四级实验室。该设施含生物安全三级、动物生物安全三级、生物安全四级和动物生物安全四级实验室,于1978年开始建设,1985年竣工投入使用,整个建设工期为7年,建筑面积约64 000m²,占地面积为140 000m²,总投资6亿澳元,约合36亿人民币。实验室主体结构为五层建筑,建筑面积约50 000m²,其中第三层为生物安全三级和生物安全四级实验室的工作层,建筑面积约10 000m²。实验室采用了五层结构方式,第一层为废弃物处理层,主要有高压灭菌罐、流动式加热灭菌设施和焚烧炉,第二层为液体废弃物收集层,主要为液体废弃物收集管道,第三层为工作层,第四层为空气处理层,主要设备有给排气的高效滤器单元和化学淋浴设备,第五层为设备层,主要有给排气机、冷热交换器和初、中效过滤器等设备。

（十四）日本国立传染病研究所

日本国立传染病研究所（National Institute for Infectious Diseases）位于日本东京，建有生物安全四级实验室（Ⅲ级生物安全柜型）。1976年，厚生劳动省提出了"特殊病原体计划"。该计划的目的是为日本感染了高度危险性病原体的患者建立应对条件。1981年，在日本国立卫生研究所（现在的日本国立传染病研究所）的武藏村山市分所建立了一个名为最高级安全实验室的生物安全四级实验室，距首都东京约40km，这是当时世界上第五个生物安全四级实验室。

三、国外高等级生物安全实验室管理

为了加强实验室生物安全管理，WHO等国际组织及美国等国家发布了一些实验室生物安全相关指南，为保证实验室生物安全发挥了重要作用。

1.《实验室生物安全手册》 为了指导实验室生物安全工作，减少实验室事故的发生，1983年WHO出版了《实验室生物安全手册》（laboratory biosafety manual，第1版），实验室生物安全在世界范围内有了一个统一的标准和基本原则。此后，许多国家基于该手册制定了本国的生物安全操作规程。WHO分别在1993年、2004年和2020年发布了《实验室生物安全手册》第2版、第3版和第4版。《实验室生物安全手册》第3版对病原微生物、微生物实验室生物安全的分级标准、实验室操作规程、安全防护设备和实验室建筑设计要求，对意外事故的预防等给出全面阐述和要求。手册还介绍了生物安保和风险评估的概念。第4版在第3版的基础上，对风险进行彻底的评估，这将使各国能够实施可行和可持续的实验室生物安全和生物安保政策、做法。

2.《生物风险管理：实验室生物安保指南》 2006年，WHO针对实验室面临的以生物恐怖袭击为代表的威胁，发布了《生物风险管理：实验室生物安保指南》（biorisk management：laboratory biosecurity guidance）。该指南主要包括生物风险管理办法、生物风险管理、应对生物风险、实验室生物安保计划、实验室生物安保培训等内容。该指南提出，作为加强实验室生物安全的重要内容，应严格管理实验室内的敏感生物材料以防范其潜在危险。该指南提出生物安全实验室应通过针对性的计划和管理程序及人员培训，保证敏感生物材料的保存、使用、转移和清除等处于安全状态，并制定紧急情况下的应急处理预案，以改进实验室的生物安全管理。

3.《微生物和生物医学实验室生物安全》 美国《微生物和生物医学实验室生物安全》（biosafety in microbiological and biomedical laboratories）是国际公认的比较详细的实验室生物安全操作指南，由美国疾病预防控制中心和国立卫生研究院联合发布。第1版于1983年最早提出了根据病原微生物的危险度将病原微生物及其实验室活动分为四个安全等级，目前使用的最新版为2020年出版的第6版。第6版更新了相关防护设备及标准；对风险评估部分进行了修订，打破了原来的架构，从风险管理、风险沟通、通过风险评估促进机构生物安全文化建设等三个方面对风险评估部分进行全面阐述，特别强调建立积极主动的生物安全文化的重要性，并且第一次明确提出了管理层和领导层的责任。

4.《NIH重组DNA分子相关研究指南》 1976年,NIH出版了《NIH重组DNA分子相关研究指南》(*NIH guidelines for research involving recombinant DNA molecules*)。随着合成生物学技术的发展,2013年该指南名称更新为《重组或合成核酸分子有关研究的NIH操作指南》(*NIH guidelines for research involving recombinant or synthetic nucleic acid molecules*)。该指南提供了关于开展重组或合成核酸研究风险评估、加强防护的指导方针。

5.《生物安全三级实验室认证要求》《生物安全三级实验室认证要求》(*national institutes of health biosafety level 3-laboratory certification requirements*)由美国NIH组织编写,于2006年发布。实验室认证旨在系统评估与实验室有关的所有安全措施和程序。制定生物安全三级实验室的初始认证和年度认证程序,有助于实验室的定期维护,有助于用于保护设施内的人员和动物、环境和实验活动的标准操作程序的制定。

第二节 国内高等级生物安全实验室管理概述

一、中国实验室生物安全发展历程

我国实验室生物安全关键技术、产品、技术标准等方面的科技发展整体水平落后于发达国家,主要表现为起步晚、技术和产品缺乏自主知识产权、研发能力和人才队伍严重不足。但是,从2003年至今,我国在实验室生物安全科技支撑方面取得了长足进步。总体来说,我国实验室生物安全的发展可以大致分为两大阶段。

(一)生物安全实验室自建与引进建设阶段(2003年以前)

1987年,军事科学院军事医学研究院(原军事医学科学院)微生物流行病研究所与天津市春信制冷净化设备有限公司合作,建立了我国第一个动物生物安全三级实验室,所有防护设备和装备均为国内生产。1988年,为开展艾滋病研究,中国疾病预防控制中心(原中国预防医学科学院)引进了国外生物安全三级实验室技术和设备,建造了卫生系统第一个生物安全三级实验室。1992年,根据国家兽医科学研究的需要,中国农业科学院指定哈尔滨兽医研究所负责建成了我国首个可开展猪等大动物实验的动物生物安全三级实验室。此后几年,陆续在一些省级疾病预防控制中心(原卫生防疫站)也建设了一些生物安全三级实验室。这些生物安全三级实验室的建立,为我国高致病性病原微生物的诊断、致病机制研究、疫苗研发等提供了技术支撑和安全保障。据不完全统计,在2003年SARS暴发前,我国各疾控机构、生物医学研究机构、医院、大学和企业相继建成了数十个达到生物安全三级防护水平的实验室(当时未有国家标准),分别归口于卫生、农业、质检、教育等部门及相关企业。

20世纪90年代后期,我国开始着手制定实验室生物安全准则或规范,在参考美国CDC和NIH编写的《微生物和生物医学实验室生物安全》第3版及WHO编写的《实验室生物安全手册》第2版的基础上,结合国内多年工作经验,2002年由卫生部批准颁布了我国实验室生物安全领域第一个行业标准《微生物和生物医学实验室生物安全通用准则》(WS 233—2002),标志着我国进入生物安全实验室规范化管理阶段。

(二)实验室生物安全科技创新发展阶段(2003年以后)

2003年3月,SARS在我国暴发,引起政府和科技人员的高度关注。2004年5月,国家质量监督检验检疫总局、国家标准化管理委员会等正式颁布了《实验室 生物安全通用要求》(GB 19489—2004)和《生物安全实验室建筑技术规范》(GB 50346—2004),这些技术标准对生物安全实验室的设施和防护设备提出了严格的技术要求,对我国病原微生物实验室生物安全科技创新发展起到了关键支撑作用。

SARS出现后,许多机构为了开展相关研究工作,也开始新建、改扩建生物安全三级实验室。截至2018年底,我国各地区共计建成近百个高等级生物安全实验室,其中有59个通过中国合格评定国家认可委员会(China National Accreditation Service for Conformity Assessment,CNAS)认可。

在固定生物安全实验室建设发展的同时,我国也重视移动式生物安全实验室研制。2004年,我国从法国引进4套移动式生物安全三级实验室;2006年10月,我国自主研制的首台移动式生物安全三级实验室通过验收;2014年9月,国产移动式生物安全三级实验室运抵塞拉利昂执行援非抗埃任务。

二、中国实验室生物安全管理与科技支撑

(一)法律、法规

2004年8月,我国修订了《中华人民共和国传染病防治法》,其中第22条规定:疾病预防控制机构、医疗机构的实验室和从事病原微生物实验的单位,应当符合国家规定的条件和技术标准,建立严格的监督管理制度,对传染病病原体样本按照规定的措施实行严格监督管理,严防传染病病原体的实验室感染和病原微生物的扩散。

2004年11月,中华人民共和国国务院第424号令,公布施行《病原微生物实验室生物安全管理条例》,旨在加强病原微生物实验室的生物安全管理,保护实验室工作人员和公众健康。其适用于中华人民共和国境内从事能够使人或者动物致病的微生物实验室及其相关实验室活动的生物安全管理。《病原微生物实验室生物安全管理条例》的颁布实施在规范我国实验室生物安全管理方面具有里程碑意义,2018年对该条例进行了修订。

(二)部门规章与管理要求

为落实《病原微生物实验室生物安全管理条例》的各项规定,原卫生部、原农业部、科学技术部等部委在各自职责范围内出台了系列配套规章。

1. **卫生系统**　2006年卫生部发布的《人间传染的病原微生物名录》对人间传染的160种病毒类、155种细菌类等、59种真菌类病原微生物的危害程度进行了分类,并在名录中规定了不同病原微生物开展不同实验活动时所需生物安全实验室的级别,以及在运输中需要采用的包装分类。

2003年卫生部颁布了《微生物和生物医学实验室生物安全通用准则》(WS 233—2002),这是一个开创性工作,该准则规定了微生物和生物医学实验室生物安全防护的基本

原则、实验室分级及其基本要求。2017年国家卫生和计划生育委员会颁布了修订版《病原微生物实验室生物安全通用准则》(WS 233—2017),该版本修改了2002年版本的部分条款,并增加了加强型生物安全二级实验室、消毒与灭菌、资料性附录等内容。

2006年卫生部颁发了《可感染人类的高致病性病原微生物菌(毒)种或样本运输管理规定》,从管理对象、审批流程、运输过程中的包装要求、实际实施、违规处罚等方面提出了详细要求。

2006年原卫生部发布并施行了《人间传染的高致病性病原微生物实验室和实验活动生物安全审批管理办法》,明确规定:生物安全三级、四级实验室从事高致病性病原微生物实验活动应当上报省级以上卫生行政部门批准;实验室的设立单位及其主管部门应当加强对高致病性病原微生物实验室的生物安全防护和实验活动的管理。2007年原卫生部颁布了《高致病性病原微生物实验室资格审批工作程序》,规定了对高等级生物安全实验室开展实验活动审批的流程。

2009年原卫生部发布并施行了《人间传染的病原微生物菌(毒)种保藏机构管理办法》,规定了保藏机构的职责、保藏机构的指定、保藏活动、监督管理与处罚等。

2. 农业系统　2003年原农业部发布《兽医实验室生物安全管理规范》,规定了兽医实验室生物安全防护的基本原则、实验室的分级、各级实验室的基本要求和管理。实验室生物安全防护的基本原则规定兽医实验室生物安全防护内容,包括安全设备、个体防护装置和措施(一级防护),实验室的特殊设计和建设要求(二级防护),严格的管理制度和标准化的操作程序与规程。

2005年,原农业部公布并施行的《动物病原微生物分类名录》,对动物病原微生物进行了分类。2008年发布并施行的《动物病原微生物实验活动生物安全要求细则》,对《动物病原微生物分类名录》中10种第一类病原微生物、8种第二类病原微生物、105种第三类病原微生物进行不同实验活动所需的实验室生物安全级别及病原微生物菌(毒)株的运输包装要求进行了规定,提高了《动物病原微生物分类名录》实际管理的可操作性。

2005年公布并施行的《高致病性动物病原微生物实验室生物安全管理审批办法》规定,生物安全三级、四级实验室需要从事某种高致病性动物病原微生物或者疑似高致病性动物病原微生物实验活动的,应当经农业部或者省、自治区、直辖市人民政府兽医行政管理部门批准。农业部对特定高致病性动物病原微生物或疑似高致病性动物病原微生物实验活动的实验单位有明确规定的,只能在规定的实验室进行。

2008年原农业部发布、2009年施行的《动物病原微生物菌(毒)种保藏管理办法》规定,农业部主管全国动物病原微生物菌(毒)种和样本保藏管理工作,县级以上地方人民政府兽医主管部门负责本行政区域内的菌(毒)种和样本保藏监督管理工作;国家对实验活动用菌(毒)种和样本实行集中保藏,保藏机构以外的任何单位和个人不得保藏菌(毒)种或者样本。

3. 环保系统　2006年,原国家环境保护总局公布并施行的《病原微生物实验室生物安全环境管理办法》,规定了实验室污染控制标准、环境管理技术规范和环境监督检查要求,内容包括:新建、改建、扩建三级、四级实验室或者生产、进口移动式三级、四级实验室,应当编制环境影响报告,并按照规定程序上报国家环境保护主管部门审批;承担三级、四级实验室环境影响评价工作的环境影响评价机构,应当具备甲级评价资质和相应的评价范围;建成并通过国家认可的三级、四级实验室,应当上报所在地的县级人民政府环境保护行政主管部门备案,并逐级上报至国家环境保护总局;县级人民政府环境保护行政主管部门对三级、四级实验室排放的废水、废气和其他废物处置情况进行监督检查等。

病原微生物与实验室生物安全相关法规和相关标准,如表1-2、表1-3。

表1-2 病原微生物与实验室生物安全相关法规

序号	标题	发布部门	发布/修订时间
1	病原微生物实验室生物安全管理条例	国务院	2004/2018
2	可感染人类的高致病性病原微生物菌(毒)种或样本运输管理规定	卫生部	2005
3	人间传染的病原微生物名录	卫生部	2006
4	人间传染的病原微生物菌(毒)种保藏机构管理办法	卫生部	2009
5	人间传染的高致病性病原微生物实验室和实验活动生物安全审批管理办法	国家卫生和计划生育委员会	2016
6	中国微生物菌种保藏管理条例	国家科学技术委员会	1986
7	高等级病原微生物实验室建设审查办法	科学技术部	2011
8	动物病原微生物分类名录	农业部	2005
9	高致病性动物病原微生物菌(毒)种或者样本运输包装规范	农业部	2005
10	动物病原微生物菌(毒)种保藏管理办法	农业部	2008
11	兽医实验室生物安全技术管理规范	农业部	2003
12	高致病性动物病原微生物实验室生物安全管理审批办法	农业部	2005
13	进出口环保用微生物菌剂环境安全管理办法	环境保护部 国家质量监督检验检疫总局	2010
14	病原微生物实验室生物安全环境管理办法	国家环境保护总局	2006

表1-3 病原微生物与实验室生物安全相关标准

序号	标题	编号	发布部门	发布/修订时间
1	实验室 生物安全通用要求	GB 19489	国家质量监督检验检疫总局 国家标准化管理委员会	2004/2008
2	生物安全实验室建筑技术规范	GB 50346	住房和城乡建设部 国家质量监督检验检疫总局	2004/2011
3	移动式实验室生物安全要求	GB 27421	国家质量监督检验检疫总局 国家标准化管理委员会	2015

续表

序号	标题	编号	发布部门	发布/修订时间
4	实验室设备生物安全性能评价技术规范	RB/T 199	中国国家认证认可监督管理委员会	2015
5	病原微生物实验室生物安全通用准则	WS 233	国家卫生和计划生育委员会	2002/2017
6	病原微生物实验室生物安全标识	WS 589	国家卫生和计划生育委员会	2018

（三）审查许可制度

1. 建设审查 新建、改建、扩建生物安全三级、四级实验室或者生产、进口移动式生物安全三级、四级实验室应符合国家生物安全实验室体系规划并依法履行有关审批手续，经国务院科技主管部门审查同意，符合国家生物安全实验室建筑技术规范，依照《中华人民共和国环境影响评价法》的规定进行环境影响评价并经环境保护主管部门审查批准。新建、改建或者扩建一级、二级实验室，应当向设区的市级人民政府卫生主管部门或者兽医主管部门备案。

2. 实验室认可 《病原微生物实验室生物安全管理条例》（以下简称《条例》）第十九条规定："新建、改建、扩建三级、四级实验室或者生产、进口移动式生物安全三级、四级实验室应当符合国家生物安全实验室体系规划并依法履行有关审批手续；经国务院科技主管部门审查同意；符合国家生物安全实验室建筑技术规范；依照《中华人民共和国环境影响评价法》的规定进行环境影响评价并经环境保护主管部门审查批准；生物安全防护级别与其拟从事的实验活动相适应"。第二十条规定："三级、四级实验室应当通过实验室国家认可""国务院认证认可监督管理部门确定的认可机构应当依照实验室生物安全国家标准以及本条例的有关规定，对三级、四级实验室进行认可；实验室通过认可的，颁发相应级别的生物安全实验室证书，证书有效期为5年"。《条例》确立了高等级生物安全实验室的强制性认可制度，明确了认证认可监督管理部门在该项工作中的职责。

中国合格评定国家认可委员会（China National Accreditation Service for Conformity Assessment, CNAS）在国家认证认可监督管理委员会授权下，依据《实验室 生物安全通用要求》（GB 19489—2004）制定了一系列认可文件，在2004年底建立起高等级生物安全实验室国家认可制度，具备了对高等级生物安全实验室的认可能力。

3. 活动许可 根据《条例》规定，三级、四级实验室从事高致病性病原微生物实验活动，应当具备下列条件：实验目的和拟从事的实验活动符合国务院卫生主管部门或者兽医主管部门的规定；具有与拟从事的实验活动相适应的工作人员；工程质量经建筑主管部门依法检测验收合格。国务院卫生主管部门或者兽医主管部门依照各自职责对三级、四级实验室是否符合上述条件进行审查；对符合条件的，发给从事高致病性病原微生物实验活动的资格证书。

生物安全三级、四级实验室，需要从事某种高致病性病原微生物或者疑似高致病性病原微生物实验活动的，应当依照国务院卫生主管部门或者兽医主管部门的规定报省级以上人民政府卫生主管部门或者兽医主管部门批准。实验活动结果以及工作情况应当向原批准部门报告。实验室申报或者接受与高致病性病原微生物有关的科研项目,应当符合科研需要和生物安全要求,具有相应的生物安全防护水平。与动物间传染的高致病性病原微生物有关的科研项目,应当经国务院兽医主管部门同意;与人体健康有关的高致病性病原微生物科研项目,实验室应当将立项结果告知省级以上人民政府卫生主管部门。

出入境检验检疫机构、医疗卫生机构、动物防疫机构在实验室开展检测、诊断工作时,发现高致病性病原微生物或者疑似高致病性病原微生物,需要进一步从事这类高致病性病原微生物相关实验活动的,应经批准同意,并在具备相应条件的实验室中进行。

从事高致病性病原微生物相关实验活动的实验室的设立单位,应当建立健全安全保卫制度,采取安全保卫措施,严防高致病性病原微生物被盗、被抢、丢失、泄漏,保障实验室及其病原微生物的安全。实验室发生高致病性病原微生物被盗、被抢、丢失、泄漏的,实验室的设立单位应当进行报告。

实验室或者实验室的设立单位应当每年定期对工作人员进行培训,保证其掌握实验室技术规范、操作规程、生物安全防护知识和实际操作技能,并进行考核。工作人员经考核合格的,方可上岗。

(四) 标准规范

标准是"为了在一定范围内获得最佳秩序,经协商一致制定并由公认机构批准,共同使用和重复使用的一种规范性文件"。我国的标准包括国家标准、行业标准、地方标准、团体标准、企业标准等。国家标准是指由国家标准机构通过并公开发布的标准。行业标准是指在国家的某个行业通过并公开发布的标准。按法律约束力标准可划分强制性标准和推荐性标准。强制性标准代号是GB,具有法律属性,在一定范围内通过法律、行政法规等强制手段加以实施。推荐性标准是指由标准化机构发布的由生产、使用等方面自愿采用的标准,代号GB/T。

根据应用分类,标准分为基础标准、产品标准、方法标准。基础标准是指在一定范围内作为其他标准的基础并具有广泛指导意义的标准;产品标准是指对产品结构、规格、质量和性能等做出具体规定和要求的标准;方法标准是针对产品性能和质量方面的测试而制定的标准。

1. **基础标准** 《微生物和生物医学实验室生物安全通用准则》(WS 233—2002)是我国最早一部关于病原微生物实验室生物安全的行业标准,由中国疾病预防控制中心组织起草,根据我国当时建设生物安全防护实验室的迫切需要,结合国内当时最新研究成果和吸取国外先进经验编制而成。该标准规定了微生物和生物医学实验室生物安全防护的基本原则、实验室的分级、各级实验室的基本要求,适用于疾病预防控制机构、医疗保健、科研机构。该标准目的在于实现统一全国生物安全防护实验室的通用生物安全标准要求,同时适应我国生物安全事业及科技进步的要求。目前该标准的现行版本为《病原微生物实验室生物安全通用准则》(WS 233—2017)。

2003 年国内 SARS 疫情的大规模暴发,引起了公众对生物安全的高度关注,当时国内尚无有关生物安全实验室的国家标准。为此,2004 年中国合格评定国家认可中心会同有关单位,编制了我国第一部生物安全实验室国家标准《实验室 生物安全通用要求》(GB 19489—2004),该标准规定了实验室从事研究活动的各项基本要求,包括风险评估及风险控制、实验室生物安全防护水平等级、实验室设计原则及基本要求、实验室设施和设备要求、管理要求,目前该标准的现行版本为 GB 19489—2008。

为配套该国家标准的顺利实施,更好地指导国内生物安全实验室的建设,同年中国建筑科学研究院会同有关单位,编制了我国第一部生物安全实验室建设方面的国家标准《生物安全实验室建筑技术规范》(GB 50346—2004),该标准规定了生物安全实验室的设计、建设及检测验收等相关内容,主要内容涉及建筑各个专业,如规划选址、建筑、结构、通风空调、给水排水、气体、电气自控、消防等,目前该规范最新版本是 GB 50346—2011。

移动式实验室的使用目的不同于固定实验室,为适应我国移动式生物安全实验室建造和管理的需要,促进发展,中国合格评定国家认可中心会同有关单位,编制了我国第一部移动式生物安全实验室国家标准《移动式实验室生物安全要求》(GB 27421—2015)。

兽医实验室是指一切从事动物病原微生物和寄生虫教学、研究与使用,以及兽医临床诊疗和疫病检疫监测的实验室,《兽医实验室生物安全要求通则》(NY/T 1948—2010)规定了兽医实验室生物安全管理的相关要求。

2. **产品标准**　生物安全实验室关键防护设备种类众多,目前部分关键防护设备已有国内外相关标准规范,如生物安全柜、动物隔离器等,但也有部分关键防护设备缺少统一的国际标准或国家标准,如生命支持系统、动物残体处理设备等。

与欧美发达国家相比,我国生物安全实验室防护设备研究起步较晚,一些关键防护设备从国外进口,对应的标准也是参考借鉴国外标准,随着国内对于生物行业的逐步重视,对生物危害控制的需要日益迫切,从 2005 年起国内相继发布实施了部分防护设备标准,包括《生物安全柜》(JG 170—2005)、《Ⅱ级生物安全柜》(YY 0569—2011)、《传递窗》(JG/T 382—2012)、《排风高效过滤装置》(JG/T 497—2016)。但由于国产化防护设备起步较晚,设备标准落后于国际主流水平,且标准体系尚不健全,如缺少正压防护服、气密门、动物负压解剖台、污水处理系统等设备设施的技术标准。

3. **方法标准**　近些年来国内针对生物安全实验室防护设备的产品性能和质量方面测试制定了多项标准,包括《实验室设备生物安全性能评价技术规范》(RB/T 199—2015)、《高效空气过滤装置评价通用要求》(RB/T 009—2019)、《实验动物屏障和隔离装置评价通用要求》(RB/T 010—2019)等。

产品方法标准是保障产品质量的基础,需要进一步完善方法标准,依靠标准规范行业行为,在政府引导下尽快实行产品认证制度,切实提升国产生物安全设备品质,进一步提升使用单位对国产产品的民族自信心。

我国在生物安全标准体系上与国外相比存在一定差异,总的来看标准体系尚不完善,有些标准尚未制定,如一些生物安全关键防护设备没有产品标准。随着我国生物安全事业的稳步健康发展,这方面工作需要继续开展。

(五)科研规划

高等级生物安全实验室建设与国家安全密切相关,随着国家对生物安全问题及高等级生物安全实验室建设的日益重视,在相关发展规划中很多内容涉及了生物安全以及高等级生物安全实验室的建设及设备研发,如表 1-4。

表 1-4 涉及生物安全、高等级生物安全实验室以及科技创新的相关规划

序号	文件名称	发布部门	发布日期
1	决胜全面建成小康社会夺取新时代中国特色社会主义伟大胜利	中国共产党第十九次全国代表大会	2017 年 10 月 18 日
2	"十三五"生物技术创新专项规划	中华人民共和国科学技术部	2017 年 4 月 24 日
3	"十三五"国家社会发展科技创新规划	中华人民共和国科学技术部	2016 年 12 月 22 日
4	"十三五"生物产业发展规划	中华人民共和国国家发展和改革委员会	2016 年 12 月 20 日
5	高级别生物安全实验室体系建设规划（2016—2025 年）	中华人民共和国国家发展和改革委员会 中华人民共和国科学技术部	2016 年 11 月 30 日
6	"十三五"国家科技创新规划	中华人民共和国国务院	2016 年 7 月 28 日
7	国家创新驱动发展战略纲要	中国共产党中央委员会 中华人民共和国国务院	2016 年 5 月 19 日
8	中华人民共和国国民经济和社会发展第十三个五年规划纲要	十二届全国人大四次会议	2016 年 3 月 17 日
9	中国制造 2025	中华人民共和国国务院	2015 年 5 月 8 日
10	国务院办公厅关于加强传染病防治人员安全防护的意见	中华人民共和国国务院	2015 年 2 月 4 日
11	国家中长期科学和技术发展规划纲要（2006—2020 年）	中华人民共和国国务院	2006 年 2 月 9 日

这些报告和规划重点强调了以下几个方面。

1. 增强忧患意识 十九大报告中指出"统筹发展和安全,增强忧患意识,做到居安思危"。生物安全是重要的非传统安全,与人民健康、经济发展、国家安全密切相关。而且,随着国际国内形势的发展,安全问题可能更为突出。近些年,H7N9 禽流感、埃博拉病毒病等对我国构成了现实或潜在的威胁。高等级生物安全实验室是应对这些威胁的重要基础设施与保障。

2. 正视差距不足 "中国制造 2025"认为"我国仍处于工业化进程中,与先进国家相比还有较大差距。制造业大而不强,自主创新能力弱,关键核心技术与高端装备对外依存度高,以企业为主体的制造业创新体系不完善;产品档次不高,缺乏世界知名品牌"。《"十三五"国家科技创新规划》指出"我国科技创新正处于可以大有作为的重要战略机遇期,也面临着差距进一步拉大的风险。"

3. 强调科技创新 十九大报告中指出"创新是引领发展的第一动力"。《"十三五"生物产业发展规划》指出"构建和完善高级别生物安全实验室体系,夯实我国的烈性与重大传染病防控、生物防范和生物产业发展的基础条件,增强生物安全科技自主创新能力。"我国高等级生物安全实验室设备发展要靠自主创新,因为在生物安全领域美国等发达国家对我国实施了严格的出口限制,只有提高自主研发能力才能切实提高我国生物安全保障能力水平。

4. 加大支持力度　《"十三五"国家社会发展科技创新规划》指出"提高高级别生物安全装备国产化能力,实现自主可控。"《高级别生物安全实验室体系建设规划》指出"加强高级别实验室生物安全关键技术、关键零部件、配套系统和装备研发的支持力度。"我国虽然在高等级实验室生物安全装备研发方面投入了一定的资金,但我国当前相关企业研发投入不足,国家还应当进一步加强相关研发投入。

(六) 科研项目

在我国政府高度重视和大力支持下,国家高技术研究发展计划(简称"863计划")、国家科技支撑计划、"艾滋病和病毒性肝炎等重大传染病防治"国家科技重大专项、国家重点研发计划中都布署了一些生物安全实验室装备研发项目,使生物安全实验室关键防护设备研发取得了长足的发展,我国先后研发成功生物安全型高效空气过滤装置、生物型密闭阀、气密门、气密传递窗等系列防护设备,其中大部分设备已实现产业化,已基本能够满足生物安全三级实验室建设需求,能够较好地支撑实验室生物安全科技发展。同时,生物安全四级实验室关键防护设备研发取得重大突破,攻克了正压防护服、实验室生命支持系统、化学淋浴设备等生物安全四级实验室核心防护设备关键技术,并研制出样机,经第三方性能评估,主要性能指标达到国外同类产品先进水平。

目前,我国基本完成了生物安全实验室关键防护设备全系列产品的研发,并已拥有自主知识产权,表明我国在该领域已具备较强的科技创新能力。但仍需看到,尽管我国基本生物安全设备的国产化技术、产品和标准已很成熟,能满足生物安全三级实验室的使用要求,且具有价格和服务优势,但品牌、质量和声誉尚不及同类进口产品。

通过国家科技报告服务系统(http://www.nstrs.cn/)及相关新闻报道和管理部门信息,检索梳理(检索时间:2020年5月)了我国在实验室生物安全领域批准的一些科研项目,如表1-5。

表 1-5　实验室生物安全装备研发科研项目

序号	课题名称	科技计划	立项年度
1	生物安全四级实验室建设和运行的关键技术及操作规范研究	国家高技术研究发展计划	2006
2	实验室危险因素分析和操作技术标准建立	国家高技术研究发展计划	2006
3	实验室感染性材料溯源和生物风险溯源关键技术和产品研究	国家高技术研究发展计划	2014
4	病原微生物实验室溯源和人员防护关键技术的研究	国家高技术研究发展计划	2014
5	人员防护装备防护性能评价关键技术和产品的研究	国家高技术研究发展计划	2014
6	生物安全实验室关键技术和新生疾病预防与控制研究	国家国际科技合作专项	2007
7	实验室空气污染防护处置和实时净化关键技术和产品的研究	国家科技支撑计划	2008

续表

序号	课题名称	科技计划	立项年度
8	实验室感染性污水安全输送及泄漏监测关键技术和产品的研究	国家科技支撑计划	2008
9	实验室污染空气实时监测技术和产品的研究	国家科技支撑计划	2008
10	实验室实时监测网络化关键技术和产品的研究	国家科技支撑计划	2008
11	实验室污染物泄漏的环境危害评估模型和管理信息系统的研究	国家科技支撑计划	2008
12	实验室外环境样本采集及处理关键技术和产品的研究	国家科技支撑计划	2008
13	高致病性微生物气溶胶试验防护隔离屏障关键技术和产品的研究	国家科技支撑计划	2008
14	实验室人员防护关键技术和产品的研究	国家科技支撑计划	2008
15	病原微生物实验室生物安全标准研究	国家科技支撑计划	2008
16	生物安全四级和移动式三级实验室认可关键技术研究	国家科技支撑计划	2008
17	实验室实时监控网络化关键技术和产品的研究	国家科技支撑计划	2009
18	实验室感染性污水安全输送及泄漏监测关键技术和产品的研究	国家科技支撑计划	2009
19	三级生物安全实验室生物安全保障技术平台	"重大传染病防治"国家科技重大专项	2009
20	生物安全实验室微环境物体表面污染监测检测技术与相关安全评价	"重大传染病防治"国家科技重大专项	2009
21	实验室生物安全保障技术平台的建立	"重大传染病防治"国家科技重大专项	2009
22	四级危害病原检测技术及实验室安全评价指标	"重大传染病防治"国家科技重大专项	2009
23	结核分枝杆菌实验室污染的监测与评价及生物安全保障措施	"重大传染病防治"国家科技重大专项	2009
24	高等级病原微生物实验室污染空气排放处置设备的研发与应用	"重大传染病防治"国家科技重大专项	2009
25	高危生物污染环境作业人员防护关键技术及装备研究	"重大传染病防治"国家科技重大专项	2009
26	新发突发传染病现场应急防控系列机动装备研发技术平台	"重大传染病防治"国家科技重大专项	2012
27	动物生物安全实验室生物安全保障技术平台的建立	"重大传染病防治"国家科技重大专项	2012

续表

序号	课题名称	科技计划	立项年度
28	高等级病原微生物实验室生物安全防护技术与产品研究	国家重点研发计划	2016
29	高等级病原微生物实验室生物安全防护技术与产品	国家重点研发计划	2016
30	国产化高等级病原微生物模式实验室建设及管理体系研究	国家重点研发计划	2016
31	国产化高等级病原微生物模式实验室	国家重点研发计划	2016

第二章

高等级生物安全实验室防护设备概况

第一节　防护设备发展及基本要求

一、防护设备发展

（一）研发历程

生物安全防护设备是高等级生物安全实验室的硬件基础支撑和关键防护屏障，是决定高等级生物安全实验室建设水平的关键要素。我国生物安全关键防护设备研发起步晚，长期以来主要依赖进口。SARS 疫情之后，我国政府高度重视生物安全设备的研发工作，将其列入《国家中长期科学和技术发展规划纲要(2006—2020 年)》和国家《"十二五"生物技术发展规划》。在我国政府高度重视和大力支持下，历经近 15 年的科技攻关，生物安全实验室关键防护设备取得了长足发展，先后研发成功生物安全型高效空气过滤装置、生物型密闭阀、气密门、气密传递窗等系列防护设备。

目前，我国基本完成了高等级生物安全实验室关键防护设备全系列产品的研发，并已拥有自主知识产权，表明我国在该领域已具备较强的科技创新能力。尽管我国基本生物安全设备的国产化技术、产品和标准已很成熟，能满足生物安全三级实验室的使用要求，且具有价格和服务优势，但由于高等级生物安全实验室建设初期所用设备多数为进口产品，且长久以来国内用户对于进口产品在使用便捷性、耐用性等方面较为认可，因此目前国内高等级生物安全实验室应用产品仍以进口为主。

生物安全已成为总体国家安全观的重要组成部分，生物安全设备研发事关国家安全和人民健康，需要持续加大研发投入，尤其是生物安全四级实验室核心防护设备、设备基础材料和核心部件的研究。

（二）设备标准发展

生物安全实验室关键防护设备种类众多，包括生物安全柜、动物隔离设备、动物解剖台、实验动物换笼台及垫料处置柜、高效空气过滤装置、气密门、消毒设备、正压防护服、生命支持系统、化学淋浴消毒装置、压力蒸汽灭菌器、生物废水处理系统、动物残体处理设备、生物防护口罩、医用防护服、正压呼吸器、口罩密合度测定仪、传递窗、生物型密闭阀等。目前部分关键防护设备国内外已有相关标准规范,如生物安全柜、动物隔离器等,但也有部分关键防护设备缺少国际标准或国家标准,如生命支持系统、动物残体处理设备等。

二、高等级生物安全实验室对防护设备的基本要求

(一)对设施设备的整体要求

高等级生物安全实验室是指生物安全防护等级为三级和四级的实验室,一般用于开展国际上认定为危险度三级和四级、国内定为高致病性病原微生物的研究。表 2-1 列出了高等级生物安全实验室对实验室操作和设施的生物安全要求。

表 2-1　高等级生物安全实验室的生物安全水平、操作和设备

危险度等级	生物安全水平	实验室类型	实验室操作	安全设施
二级	二级	初级卫生服务;诊断、研究	遵循微生物学操作技术规范、穿戴防护服、张贴生物危害标志	有开放实验台,此外需要生物安全柜用于防护可能生成的气溶胶
三级	三级	特殊的诊断和研究	在二级生物安全防护*水平上增加特殊防护服、执行准入制度、设置定向气流	配备生物安全柜和/或其他所有实验室工作所需要的基本设备
四级	四级	危险病原体研究	在三级生物安全防护水平的基础上增加气锁入口、出口淋浴、污染物品的特殊处理	配备Ⅲ级生物安全柜或Ⅱ级生物安全柜并穿着正压服、双扉压力蒸汽灭菌器(穿过墙体)、经过滤的空气

注:*:二级生物安全防护包括微生物学操作技术规范、防护服和生物危害标志。

为了达到保障生物安全实验室工作人员、实验设施外的人群和环境安全的目的,高等级生物安全实验室主要通过一级防护装备(安全设备和个人防护装备)和二级防护屏障(设施)的保护予以实现。一级防护装备主要实现操作者和被操作对象之间的隔离,发挥着主要的屏障作用,保护实验人员。二级防护屏障是一级防护装备的外围设施,能够在一级防护装备失效或其局部出现意外时,确保操作者免受操作病原的感染并防止病原泄漏到环境中,实现实验室与外部环境之间的隔离。二级防护屏障涵盖的范围广泛,主要的特殊设计包括:利用缓冲间将实验室防护区、辅助工作区、公共通道等空间隔离开,确保实验室持续保证定向气流和负压梯度,使用房间排风过滤系统、污水处理系统及高压灭菌器处理系统等,确保实验室废气(汽)、废水、固体废弃物安全排放。确保电气和自动化消防报警控制装置等安全运行。

（二）对建筑设施的基本要求

从上面的分析可以看出，不同等级的生物安全实验室对建筑设施的要求是不同的。我国高等级生物安全实验室设施的建设，需要遵照《实验室生物安全通用要求》（GB 19489—2008）和《生物安全实验室建筑技术规范》（GB 50346—2011）中对平面布局、围护结构、通风空调系统、供水与供气系统、污水处理及消毒灭菌系统、电力供应系统、照明系统、自控监视与报警系统、实验室通信系统和各项参数等的要求进行设计和建设。

现对两部国家标准中有关建筑设施的基本要求进行汇总分析，如表 2-2。

表 2-2　高等级生物安全实验室对建筑设施的基本要求

建筑设施		生物安全水平		
		二级	三级	四级
实验室隔离		不需要	需要	需要
房间能够密闭消毒		不需要	需要	需要
通风	定向气流、负压梯度	不需要 / 需要 a	需要	需要
	全新风空气调节系统	不需要 / 需要 a	需要	需要
	HEPA 过滤排风	不需要 / 需要 a	需要	需要
应急逃生门		不需要	需要	需要
气锁		不需要	不需要	需要
带淋浴设施的气锁		不需要	不需要	需要
污水处理		不需要	不需要 / 需要 b	需要
压力蒸汽灭菌器	现场	最好有	需要	需要
	实验室内	不需要	需要	需要
	双扉	不需要	需要	需要
生物安全柜		最好有	需要	需要
人员安全监控条件		不需要	需要	需要

注：

a：普通型二级实验室不需要，加强型二级生物安全实验室需要。

b：生物安全三级实验室不需要，动物生物安全三级实验室需要（尤其是大动物生物安全三级实验室需要，当小动物生物安全三级实验室为干式饲养时可以不设置）。

（三）对关键防护设备的基本要求

为达到上述要求，需要选择适合于工作要求的关键防护设备，高等级生物安全实验室对关键防护设备的基本要求汇总，如表 2-3。

表 2-3　高等级生物安全实验室关键设施设备

设备类别	设备名称	主要分类 / 特点
实验室初级防护设备	Ⅱ级生物安全柜	A1、A2、B1、B2 四个型别
	Ⅲ级生物安全柜	完全封闭,彻底不泄漏的通风安全柜,通过连着的橡胶手套来完成安全柜内的操作
	动物负压解剖台	—
	换笼工作台	—
	动物垫料处置柜	—
	动物隔离器	按气密性,可分为非气密式动物隔离器、气密式动物隔离器;按适用动物类型,可分为禽隔离器、兔隔离器、雪貂隔离器、非灵长类隔离器等
消毒灭菌与废物处理设备	压力蒸汽灭菌器	立式压力蒸汽灭菌器、双扉压力蒸汽灭菌器
	废水处理系统	化学灭活系统、序批式活毒废水处理系统、连续式活毒废水处理系统
	消毒装置	使用甲醛气体、汽化过氧化氢、雾化过氧化氢、气体二氧化氯等熏蒸
	动物残体处理系统	高温碱水解处理系统、炼制处理系统
实验室围护结构密封/气密防护装置	气密门	充气式、机械压紧式
	气密传递窗	气密、双门、液槽
	气(汽)体消毒物料传递舱	管、线穿墙密封设备
实验室通风空调系统设备	高效空气过滤装置	箱式、风口式
	生物型密闭阀	—

此外,为了实现操作者和被操作对象之间的隔离,进入高等级生物安全实验室开展实验活动的工作人员还必须采取科学合理的个人防护(包括生命维持系统),避免暴露于感染性材料。个人防护装备所涉及的防护部位主要包括眼睛、头面部、躯体、手、足、耳(听力)以及呼吸道,如表 2-4。在实际工作中,应基于风险评估而使用合适的个人防护装备。

表 2-4　高等级生物安全实验室中个人防护及技术保障设备

设备类别	设备名称	避免的危害
个人防护及技术保障设备	眼罩、面罩、护目镜等	碰撞或汽液体喷溅
	生物防护口罩	碰撞或汽液体喷溅
	防护手套	污染手部
	防护鞋	污染足部
	一次性防护服	污染衣物
	正压防护头罩	气溶胶吸入
	正压防护服	污染衣物(主要有自带风机送风过滤式、实验室压缩空气管道送风式两种类型)
	人员防护装备佩戴密合度测定仪	头面部装备密合性欠佳
	实验室生命支持系统	—
	化学淋浴设备	个人防护装备表面污染

第二节　个人防护及技术保障设备

一、生物防护口罩

(一)功能用途与结构组成

呼吸防护装备是利用空气过滤材料或过滤元件阻隔环境中的生物气溶胶,使佩戴者的口鼻部位或面部与周围污染环境隔离。

典型的生物防护口罩为三层结构组成的拱形口罩:最外层多为具有一定强度的针刺无纺布,起支撑作用;中间层为过滤效率高的熔喷聚丙烯非织造布或静电纺丝纳米材料,具有过滤微生物粒子的作用;最内层为柔软舒适的水刺无纺布,紧靠面部皮肤,无刺激性。有些防护口罩会加一层抗菌功能层,赋予口罩抗菌的功能。

(二)分级分类与性能要求

目前国内外均有相应的标准来检测口罩的防护性能,根据口罩对 0.3μm 物理颗粒物的过滤性能将口罩分为三个级别,如表 2-5。根据防护级别和防护对象的差别,有不同类型的生物防护口罩可供选择,如表 2-6。

表2-5　不同标准中口罩的分级

国别	标准号	级别 1		级别 2		级别 3	
		标记	过滤效率 /%	标记	过滤效率 /%	标记	过滤效率 /%
美国	42CFR Part 84	N100	≥ 99.97	N99	≥ 99	N95	≥ 95
欧洲	EN 149 :2001	FFP3	≥ 99.00	FFP2	≥ 94	FFP1	≥ 80
中国	GB 2626—2006	KN100	≥ 99.97	KN95	≥ 95	KN90	≥ 90

表2-6　生物安全实验室常用生物防护口罩

序号	产品	呼吸器类别
1	防颗粒物口罩	自吸过滤式,随弃式半面罩
2	防颗粒物半面罩	自吸过滤式,可更换式半面罩
3	防颗粒物全面罩	自吸过滤式,可更换式全面罩
4	动力空气净化呼吸器(powered air-purifying respirator,PAPR)	送风过滤式(正压),配合面罩、送风头罩或全面罩

注:动力空气净化呼吸器通常与正压供气式全身防护服设计为整体,通常用于生物安全四级实验室。

(三)呼吸防护装备佩戴密合度测定仪

1. 功能用途　呼吸防护是每个进入生物安全实验室的工作人员不可忽视的环节,正确选择适合个体需要的防护口罩和防护面具,需要经过检测来确定所选择的口罩是否与个体脸型相配,因此密合度测定仪测试结果的准确性直接决定工作人员选择的呼吸防护装备能否起到防护作用。

美国职业安全卫生管理局的呼吸防护标准(29CFR 1910.134)明确规定:劳动者在佩戴呼吸防护用品前必须首先对其进行定性或定量的适合性测试。适合性测试至少每年进行一次,当劳动者更换不同种类的呼吸防护用品、面部特征发生变化或体重变化大于 10% 时,都必须重新进行适合性测试。国家标准《实验室生物安全通用要求》(GB 19489—2008)中要求进入实验室的人员要正确使用专用的个体防护装备,工作前需要先开展培训、个体适配性测试和检查,如对面具、呼吸防护装置等的适配性进行测试和检查。

2. 分类　测试仪有定性检测和定量检测之分。定性检测用于测试口罩或面具是否与佩戴者脸部密合;定量测试主要是依靠仪器对从防护用品与佩戴者面部接触部位的颗粒物漏入率进行测试,从而评价其密合程度。某呼吸防护装备佩戴密合度定量测定仪,如图 2-1。

图 2-1　呼吸防护装备佩戴密合度定量测定仪

二、正压防护头罩和正压防护服

(一) 功能用途与工作原理

正压个体防护技术是指在个体防护装备与佩戴者之间形成高于大气压的相对正压区间,从而有效阻止生物气溶胶的吸入、沾染。正压形成的方式多样,应用较普遍的有压缩空气和动力送风两种方式。

压缩空气的正压形成技术主要依靠高压空气压缩机将空气压入压力容器中,通过稳压阀、空气过滤器、油气分离器等装置处理后得到稳定压力的洁净空气,用特制软管将防护设备与之连接,即可在防护设备内形成稳定流量与压力的空气流。一般这种方式会限制使用者的活动范围,但如果采用较小的压力容器,如小型钢瓶等,可以制成便携式正压防护设备。压缩空气供气式正压防护设备的突出优点是防护等级高,压力和流量稳定。但固定压力容器供气限制了设备使用者的活动范围,使用小型钢瓶的设备使用时间大大缩短。因此,固定压力容器供气一般在生物安全四级实验室等拥有生命支持系统的场所使用。

(二) 结构组成

目前,基于压缩空气供气的正压个体防护装备包括:正压头罩、正压面罩和正压全身式防护服。如长管式正压防护服,其带有 15m 软管,面部形成微正压,可有效防止生物气溶胶的吸入与沾染。长管式正压防护服,如图 2-2。

动力送风供气是将小型风机、电池、小型过滤器与控制系统集成为小型动力送风系统,形成动力送风正压防护装备,如图 2-3。动力送风系统不仅向装备提供洁净新鲜的空气,而且能保证装备与大气形成一定的正压,确保装备的安全性。随着风机的小型化、电池的高容量化及空气过滤技术的提高,动力送风技术得到了快速发展,目前已开发出多种产品。动力送风系统能提供较长的工作时间与较大的工作范围,因此该技术是正压防护装备未来发展的主要方向。

图 2-2 长管式正压防护服
a:正面;b:侧面;c:背面。

(三) 性能要求

正压防护服初次使用前、多次使用后应进行完整的气密性测试,以检测防护服及相关部件的微小缺陷。目前国内已研制了便携式正压防护服检测箱,该检测箱集成了正压防护服相关指标的检测功能,可以检测正压防护服的气密性、静态压差、噪声以及过滤器的过滤效率等性能是否合格。

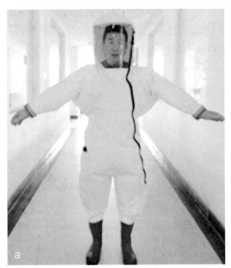

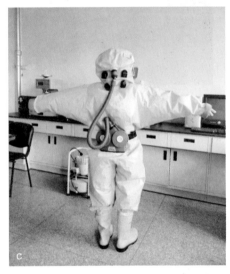

图 2-3 正压送风正压防护服
a:正面;b:侧面;c、d:背面。

三、生命支持系统

(一) 功能用途与结构组成

生命支持系统是正压防护服型生物安全四级实验室必备的关键设备,实验室中的实验人员采用正压防护服作为个人防护装备从事实验操作,必须由生命支持系统为其提供经过调节(过滤、加热或制冷、除湿或加湿、除油等)的、新鲜舒适并可长时间直接呼吸的压缩空气,以维持实验人员正常呼吸并维持正压防护服内相对于实验室环境的正压状态,确保实验人员与实验室环境(病原体)的完全隔离,其安全性关乎实验室内人员的健康甚至生命。

生命支持系统主要由空气压缩机、紧急支援气罐、不间断电源、储气罐、气体浓度报警装置、空气过滤装置及相应的阀门、管道、元器件等组成。空气压缩机吸收空压机室内的空气，经过压缩为系统提供一定压力的压缩空气；紧急支援气罐是在系统不能正常供给所需气体时，为短期维持系统正常供气所配置；不间断电源是为了在主电源发生故障时为系统提供电力保障；气体浓度报警装置可以实时监测系统供给气体主要成分的浓度；空气过滤装置及储气罐等可以保证所供给实验室气体的主要成分的洁净度、浓度及储备。某生命支持系统实体基本结构及主要部件组成，如图2-4。

图2-4　生命支持系统实体基本结构及主要部件组成
a.实体基本结构；b.空气压缩机；c.紧急支援气罐；d.储气罐；e.空气过滤装置。

(二)工作原理

生命支持系统的工作原理：首先空气经空气压缩机压缩(一般为1 000kPa左右)，然后经干燥冷凝处理，经过这两个过程的处理，所提供的空气不仅适合人的呼吸，而且还除去了部分冷凝水、尘埃及细菌。上述处理过程中产生的冷凝物将进入"冷凝分离器",将冷凝物中的油类物质和其他不同的灰尘分离出来,使污水排放符合当地的排污要求。压缩空气被储存于储气罐里,然后经过一系列的过滤处理后,设备中将有少量空气流经气体浓度报警装置,用于监测压缩空气,使压缩空气达到 RB/T 199—2015《实验室设备生物安全性能评价技术规范》(EN12021《欧洲呼吸空气标准》)规定的标准:O_2 浓度 21% ± 1%,CO_2 浓度 ≤ 500ppm(ml/m³),CO 浓度 ≤ 15ppm(ml/m³)。最后压缩空气经过加热、降温等舒适性调节和一系列调压(一般预设输出压力为 650kPa 左右)措施后,经管道输出至各个用气点,并确保防护服或面具内可以呼吸的空气保持在一个舒适的温度。

四、化学淋浴设备

(一)功能用途

化学淋浴设备是通过喷淋化学药剂对正压防护服表面进行清洗消毒,主要用于生物安全四级实验室,适用于身着正压防护服的人员消毒,避免人员离开高污染区时可能产生的污染。

(二)结构组成

化学淋浴设备的主要部件有不锈钢箱体,气密门和加药系统等主要部件组成,如图 2-5。

化学淋浴设备主要有以下特点:普遍采用整体式构造的不锈钢材质密封箱体。箱体整体构造一体化,耐腐蚀性强,密封性高,表面光洁;采用不锈钢材质,与污染物直接接触的部分采用 316L 不锈钢,非接触部分采用 304L 不锈钢;其体积大小一般可根据客户的要求进行定制。气密门均为整体焊接,主要采用压紧式或充气式,要求其耐高低温、抗腐蚀、防水、耐冲击。要求在关闭受测箱体所有通路并维持箱体内的温度在设计范围上限的条件下,当箱体内的空气压力上升到 500Pa 后,20 分钟内自然衰减的气压小于 250Pa。

图 2-5 化学淋浴设备主要部件组成
a. 不锈钢箱体；b. 气密门；c. 加药系统。

通常采用喷淋或雾化方式淋浴。淋浴的温度和时间可在一定范围内自行调节设定。系统运行为全自动化控制，如气密门的互锁、加药、清洗消毒、给排气等均实行自动控制和远程监测。

第三节 实验室一级防护装备

一、生物安全柜

(一) 分级分类

自第一台生物安全柜问世以来，它的基本设计已历经了多次改进，在结构和功能上日趋完善。按对操作者、环境和受试样本的保护程度将生物安全柜分为Ⅰ、Ⅱ、Ⅲ共 3 个等级。

1. **Ⅰ 级生物安全柜** 可保护工作人员和环境，但不保护样品。其气流原理和实验室通风橱基本相同，如图 2-6。不同之处在于排气口安装有 HEPA 过滤器，将外排气流过滤防止微生物气溶胶扩散造成污染。由于不能保护柜内产品，目前已较少使用。

2. **Ⅱ 级生物安全柜** 是目前应用最为广泛的类型，市场上绝大部分生物安全柜都属于Ⅱ级生物安全柜。依照入口气流风速、排气方式和循环方式，Ⅱ级安全柜又可分为 4 个类别：A1 型、A2 型、B1 型和 B2 型，各自工作原理，如图 2-7。

3. **Ⅲ 级生物安全柜** Ⅲ级生物安全柜是为生物安全防护等级为四级的实验室设计的，柜体完全气密，工作人员通过连接在柜体的手套进行操作，俗称手套箱(glovebox)，试验品通过双门的传递箱进出安全柜以确保不受污染，适用于高风险的生物实验，Ⅲ级生物安全柜，如图 2-8。

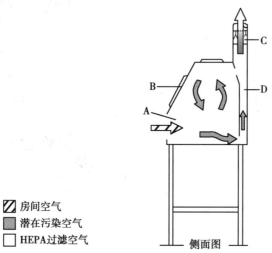

房间空气
潜在污染空气
HEPA过滤空气

A：前开口；B：窗口；C：排风HEPA过滤器；D：压力排风系统。

图 2-6　Ⅰ级生物安全柜原理图

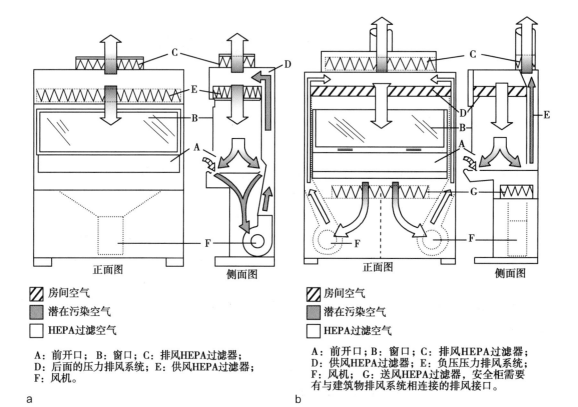

正面图　　　侧面图　　　　　正面图　　　侧面图

房间空气
潜在污染空气
HEPA过滤空气

A：前开口；B：窗口；C：排风HEPA过滤器；
D：后面的压力排风系统；E：供风HEPA过滤器；
F：风机。

a

房间空气
潜在污染空气
HEPA过滤空气

A：前开口；B：窗口；C：排风HEPA过滤器；
D：供风HEPA过滤器；E：负压压力排风系统；
F：风机；G：送风HEPA过滤器，安全柜需要
有与建筑物排风系统相连接的排风接口。

b

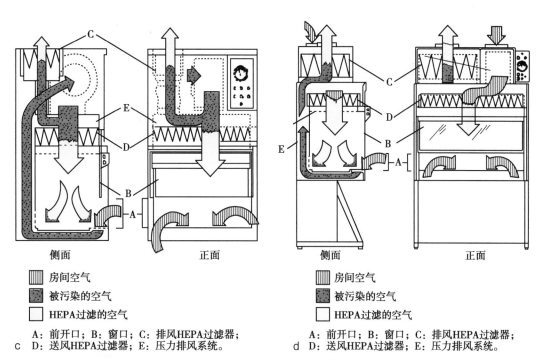

侧面　　　　　正面　　　　　　　　　　　侧面　　　　　正面

▨ 房间空气　　　　　　　　　　　　　　▨ 房间空气
▨ 被污染的空气　　　　　　　　　　　　▨ 被污染的空气
□ HEPA过滤的空气　　　　　　　　　　□ HEPA过滤的空气

A：前开口；B：窗口；C：排风HEPA过滤器；　　A：前开口；B：窗口；C：排风HEPA过滤器；
c D：送风HEPA过滤器；E：压力排风系统。　　d D：送风HEPA过滤器；E：压力排风系统。

图 2-7　Ⅱ级生物安全柜原理图
a. Ⅱ级 A1 型生物安全柜原理图；b. Ⅱ级 B1 型生物安全柜原理图；
c. Ⅱ级 A2 型生物安全柜原理图；d. Ⅱ级 B2 型生物安全柜原理图

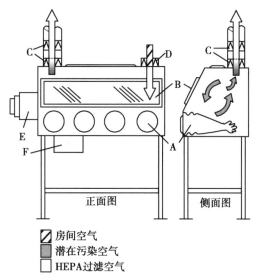

正面图　　　　　侧面图

▨ 房间空气
▨ 潜在污染空气
□ HEPA过滤空气

A：用于连接等臂长手套的舱孔；B：窗口；C：两个排风HEPA过滤器；
D：送风HEPA过滤器；E：双开门高压灭菌器或传递箱；F：化学浸泡
槽。

图 2-8　Ⅲ级生物安全柜（手套箱）原理图

（二）相关标准规范

目前,对于生物安全柜,国际上可遵循的标准主要有美国标准 NSF49、欧洲标准 EN12469、澳大利亚标准 AS2252、日本标准 JISK3800,其中尤以美国 NSF49 和欧洲标准 EN12469 最为权威,认知度最高。在我国,随着国内对于生物制药行业逐步重视,对生物危害控制的需要日益迫切,在 2005—2006 年,建设部的《生物安全柜》(JG 170—2005) 和国家食品药品监督管理局的《Ⅱ级生物安全柜》(YY 0569-2011) 两个行业标准相继发布。

二、动物负压解剖台

动物负压解剖台是一种动物实验室防护设备,可用于保护操作人员。产品具有负压排风功能,冲洗水龙头,台面配有网片便于清理废物。台面高度符合人体工效学、方便操作,整机结构紧凑、性能可靠合理、操作方便。某动物负压解剖台实物,如图 2-9。

三、换笼工作台

换笼工作台是独立通风笼具(individually ventilated cage,IVC)更换笼盒的专用设备,在换笼过程中为人员、环境和动物提供安全的保护。

图 2-9　动物负压解剖台

换笼工作台由送风系统、空气过滤系统和风机变频控制系统组成,工作时由送风系统将经初效、高效过滤后的洁净空气由顶部送到工作台面,形成一定风速的层流,使更换笼盒时处于正压范围内,确保笼内动物不受感染。同时工作台四周设有通风口,使工作区四周形成屏障,确保操作人员和动物之间不发生交叉感染,达到动物和操作人员双安全的目的。

四、动物垫料处置柜

动物垫料处置柜,即动物饲养垫料处理工作台,可使笼盒清理和垫料处理程序变得更简单、更安全,同时避免人员和环境暴露于实验动物的过敏原和特殊的气味中,自带的废物容器可直接收集工作区内的废物。

其主要结构组成包括:台面有方形开口(带盖子),顶部有高效空气过滤器和分子过滤器吸附特殊气味,气流由前窗向顶部流动以保护操作者和环境,可配废物桶(装卸轻松,可以和柜体同步移动)。

五、动物隔离器

（一）分类

实验动物隔离器的种类有很多种,根据不同维度进行分类如下。

1. **根据用途**　隔离器可分为动物饲养隔离器与动物手术隔离器两种。

2. 根据动物种类 隔离器可分为鸡隔离器、猪隔离器、猴隔离器、兔隔离器、啮齿类动物隔离器等多种实验动物隔离器。

3. 根据动物微生物学级别 隔离器可分为无特定病原体(specific pathogen free,SPF)级隔离器和无菌(germfree,GF)级隔离器。

4. 根据材质 隔离器可分为金属(不锈钢、铝合金等)隔离器、玻璃钢(玻璃纤维及高分子树脂制成)隔离器、塑料隔离器。

5. 根据压力 分为正压隔离器和负压隔离器,正压隔离器是指隔离器内压力高于外部大气压力,多用于清洁动物饲养(防止外部环境污染内部环境)。负压隔离器则指隔离器内压力低于外部大气压力,多用于感染动物饲养(防止内部环境有害物质污染外部环境),生物安全实验室主要使用负压隔离器。通常高等级生物安全实验室安装负压动物隔离器进行感染动物的饲养和实验。根据负压隔离器的生物安全防护性能,又可将隔离器分成非密闭式隔离器和密闭式隔离器。密闭式动物隔离器主要用于从事携有或感染了高致病性病原微生物的动物科学研究。

非密闭式动物隔离器与密闭式动物隔离器的区别主要在于设备结构、消毒方式、气密性要求方面,如表2-7。

表2-7 非密闭式隔离器与密闭式隔离器主要区别

防护性能分类	设备结构	消毒方式	气密性要求
非密闭式	开放式或半开放式(操作时可开)	可以不与消毒设备连接,可以采用局部喷雾消毒	无气密性要求
密闭式	全封闭式(手套箱型),必须通过袖套操作	必须可以直接与消毒设备相连,进行原位整体消毒	必须满足 EJ/T1096《密封箱室密封性分级机器检验方法标准》中规定的二级或三级密封箱室的气密性要求

独立通风笼具是一种新型的动物隔离器,如图2-10。不同于常规隔离器,是以小体积饲养盒为单位的实验动物饲养设备,空气经过高效过滤器处理后分别送入各独立饲养盒,使饲养环境保持一定压力和洁净度;同时排风经过高效过滤器处理后排入排风系统,可有效避免环境污染动物或动物污染环境。此类动物笼具可用于饲养清洁、无特定病原体或感染动物,主要用于啮齿类动物,其特点是每个笼盒配有独立的给排风装置。

图 2-10 小鼠独立通风笼具

(二)性能

不同类型的动物隔离器其性能指标并不完全相同。隔离器的性能指标主要由其用途决定,按照用途主要分为两类:一是用于动物饲养,二是用于动物实验操作。用于动物饲养的隔离器主要应以实验动物的饲养环境指标作为设计指标,这些指标可直接引用国家标准

《实验动物环境及设施》(GB 14925-2010)与《实验动物设施建筑技术规范》(GB 50447—2008)的相关要求,包括温度、最大日温差、换气次数、空气洁净度、沉降菌最大平均浓度、氨浓度、噪声、动物照度、工作照度、气流流速等。而用于动物实验操作的隔离器则应以人员操作环境、受试样本及生物安全防护作为设计指标,如工作窗口气流流向、工作窗口气流平均速度、静压差、空气洁净度、排风高效过滤器、噪声、照度、严密性、手套口风速,此类隔离器结构与功能接近于生物安全柜,其中某些指标可直接引用生物安全柜的相关标准。

第四节 消毒灭菌与废弃物处理设备

一、压力蒸汽灭菌器

(一)用途与分类

人们经过了几个世纪的探索,确认了压力蒸汽的湿热灭菌方式是目前最为有效的灭菌方法。蒸汽灭菌温度高,灭菌效果可靠,易于掌握和控制,因此在灭菌技术高速发展的今天,这一经典的灭菌方法仍广泛应用。

根据灭菌器可装载空间的大小分为小型压力蒸汽灭菌器和大型压力蒸汽灭菌器。小型压力蒸汽灭菌器是指灭菌室容积不超过60L且只能装载一个灭菌单元(300mm×300mm×600mm)的灭菌器;大型压力蒸汽灭菌器是指可以装载一个或者多个灭菌单元、容积大于60L的灭菌器。

根据压力蒸汽灭菌器的样式可以分为手提压力蒸汽灭菌器、台式压力蒸汽灭菌器、立式压力蒸汽灭菌器和卧式压力蒸汽灭菌器。卧式蒸汽灭菌器按照门的数量又可以分为单门压力蒸汽灭菌器和双扉压力蒸汽灭菌器(双门通常穿墙安装);卧式灭菌器按照门的开关方式的不同又可以分为手动门、机动门、平移门、升降门压力灭菌器。手动门完全依靠人力操作门的开关和挤压密封;机动门采用了电动升降和压缩气密封技术,在实现可靠密封的同时,减轻了操作者开关门的劳动强度,自动化程度提高;升降门是采用气缸或者电机控制门的升降开关,无须借助人力就可以通过系统自动控制门的垂直升降开关;平移门是采用气缸、电机等控制门的水平移动以实现门的开关。升降门和平移门使用更加简单方便及安全,自动化程度较高,目前欧美发达国家主要以升降门和平移门压力蒸汽灭菌器为主。压力蒸汽灭菌器实物,如图2-11。

(二)工作原理

按照工作原理可以将压力蒸汽灭菌器分为下排气式压力蒸汽灭菌器和预真空灭菌器。下排气式压力蒸汽灭菌器的工作原理是利用蒸汽的比重较空气的小,蒸汽从灭菌器内室物品的上方进入并浮在顶部,将空气、冷凝水从下方置换排出的灭菌方式。预真空灭菌器的工作原理是灭菌前利用机械装置预先对灭菌室抽真空,强制排出灭菌室内冷空气的灭菌方式;其抽真空采取抽取一部分空气,然后向灭菌器注入蒸汽,再抽出一部分空气和蒸汽的混合气,如此反复几次的脉动抽真空的方式,使空气排出量达99%以上(理论计算可达99.97%)。两者相比,预真空灭菌器排除冷空气更彻底,可以充分保证灭菌温度的均匀性,灭菌效率更高。

图 2-11 压力蒸汽灭菌器实物图
a. 立式压力蒸汽灭菌器;b. 双扉压力蒸汽灭菌器。

为了适应高等级生物安全实验室的需求,厂家设计了生物安全型压力蒸汽灭菌器,如图 2-12。其原理和普通脉动真空型灭菌器基本相同,但是增加了排气用的除菌空气过滤器或焚烧炉,灭菌过程中可以使用真空泵进行脉动真空,同时,冷凝水流回腔体至灭菌结束排放,空气经除菌空气过滤器或焚烧炉处理后排出。

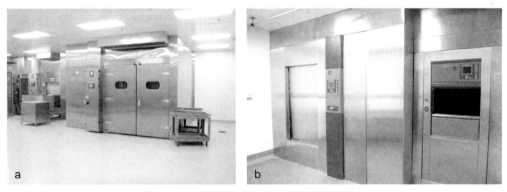

图 2-12 生物安全型高压蒸汽灭菌器实物图
a. 压力蒸汽灭菌器;b. 嵌入式双扉压力蒸汽灭菌器。

二、废水处理系统

目前,国际上实验室的活毒废水处理方法主要有物理、化学、生物处理法。高温灭活处理法是利用高温对病原微生物灭活的原理,是世界上实验室处理活毒废水常用方法。目前国际上常用的活毒废水处理方式主要有两种:序批式和连续式。

(一) 序批式

在序批式活毒废水处理工艺中,活毒废水经单独的管道汇集后,首先储存在储水罐中,储水罐容积约为一天的废水量,然后由带绞刀的泵提升至温控灭活罐进行消毒灭菌处理,在温控灭活罐内保持灭活的温度并停留一定时间,待病原体全部被灭活后,向灭活罐的夹层内通入冷却水进行冷却处理,活毒废水冷却至40℃排放。设计时按每套系统每天工作2次,每次为4小时,这样8小时可处理完一天的废水。序批式活毒废水处理流程,如图2-13。

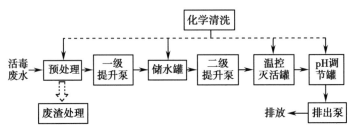

图 2-13 序批式活毒废水处理流程

(二) 连续式

在连续式活毒废水处理的工艺中,活毒废水经单独的管道汇集后排入收集罐中,然后由带有绞刀的污水泵提升进入热交换器预热,预热后废水的温度约为100℃,再进入电加热器中加热至灭活的温度,在管道内保持此温度一段时间灭菌,一般为3~18分钟,可根据实验用的病原体确定灭活的温度和时间。保温灭菌一段时间后,再流回热交换器与被加热水进行热交换,冷却到40℃后排至室外,设备不需要专门的冷却装置,可以连续运行。连续式活毒废水处理流程,如图2-14。

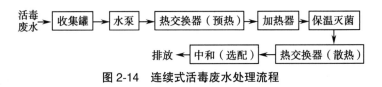

图 2-14 连续式活毒废水处理流程

目前,国际上高温灭活法处理活毒废水技术已经很成熟,我国高等级生物安全实验室活毒废水处理系统大多数采用序批式高温高压灭菌处理系统,只有极少数实验室采用连续式高温灭菌系统。国内在这方面的研究和生产仍处于起步阶段。

三、气(汽)体消毒装置

(一) 用途

生物安全实验室防护区域内的消毒灭菌是规避实验室感染风险的有效措施。高等级生物安全实验室在一个实验周期完成后,需要对整个实验环境进行消毒。部分关键防护设备可采用蒸汽高压消毒,不能蒸汽高压消毒的设备及围护结构表面较多采用气体消毒的方式。实验室应根据需求与实际条件选择合理的气体消毒方式。

(二) 常用消毒剂

化学消毒剂喷雾方式在我国目前运行的高等级生物实验室中被普遍采用。较常见的化学试剂有甲醛、过氧化氢(H_2O_2)、二氧化氯(ClO_2)。另外,国外某品牌生物安全隔离器采用过氧乙酸(CH_3COOOH)为设备内部进行熏蒸消毒。过去常用的消毒剂为甲醛,但由于甲醛对人体毒害较大、难清除且消毒周期长,近年来大部分高等级生物安全实验室已不再使用。国内高等级生物安全实验室主要采用气化过氧化氢(H_2O_2)、二氧化氯(ClO_2)进行消毒。图2-15 为几例国内高生物安全实验室使用的气体消毒设备。

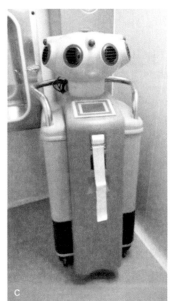

图2-15　国内高等级生物安全实验室使用的气体消毒设备

a. 某进口过氧乙酸(CH_3COOOH)隔离器消毒机;b. 某进口二氧化氯(ClO_2)消毒机;
c. 某进口过氧化氢(H_2O_2)消毒机;d. 某国产过氧化氢(H_2O_2)消毒机。

四、动物残体处理系统

目前欧美等国对大型动物防护设施的动物尸体处理方法多采用焚化、碱解、逆聚合、炼制等技术进行处理。这一过程要符合国家和地区制定的关于环境保护方面的规定。消毒效果要通过生物灭菌效果测试。

(一) 焚化

焚化（incineration）一直是处理生化废物及动物尸体的首选方法（焚烧炉实物，如图2-16），是一种能够将感染动物尸体彻底灭活的有效方法，并且焚烧设施生产厂家多采用高效过滤等工艺对焚烧过程中排出的气体进行处理，能够安全排放。焚烧产物为灰烬状，可同生活垃圾一同处理。但是焚烧设施多远离实验区，而感染性动物尸体从实验室运出存在安全隐患，并且设施的运行和维护费用较昂贵。

图 2-16　焚烧炉

(二) 碱水解

碱水解（basic hydrolysis）是一项湿处理技术，在高温条件下（常用温度为 121℃）是最有效的。这种技术，能够以加热和化学的方法将液体和固体废弃材料进行消毒，并利用碱金属化合物（如 KOH、NaOH 等）将蛋白质（包括朊病毒）、脂肪和核酸进行消解。该法虽然能够通过化学药剂浸泡和加热的方式将动物尸体有效地灭活，但是处理产物时需要的容量是废物原体积的两倍以上，并且生化需氧量非常高，即使通过大量水稀释也无法直接排入污水处理站，并且碱水解处理后的物质只能在高温下排放冲洗，温度低于 60℃时，容易结块，类似荤油状，不容易从容器内排出。

(三) 逆聚合

逆聚合（reverse polymerization）废弃物处理技术系采用高能量微波在富氮缺氧的密闭舱进行消毒灭菌的动物尸体废弃物处理方式。它能非常迅速且有效地将感染性医疗及生化废弃物分解并处理成无毒无菌的碳化残渣，能在操作温度为 150~250℃时，将处理的废弃物消毒并达到灭菌效果，其产物是无菌无毒碳化小球状颗粒。逆聚合技术缺点在于处理量不大，不适于医疗及实验室废弃物的大规模集中处理，并且逆聚合设施购置、运行和维护的费用非常昂贵。

（四）炼制

炼制（rendering）是利用高温高压安全处理实验动物的技术，是多年来使用的一种处理动物尸体的成熟工艺，一直为实验室所使用。该方法通过在高压及热的条件下将动物组织、血液、骨骼等转化处理为无菌液体及颗粒状固体物质。整个炼制过程包括加热、在灭菌设定点进行热炼、去除潮湿组织并冷却至环境温度。处理产物为无菌液体及颗粒状固体物质，能够达到废物的安全、减量化、低温排放。由于炼制法处理实验室动物尸体具有明显的技术优势，已经成为目前处理感染性动物尸体最主要的方法。

目前我国尚无成熟的实验室动物尸体处理系统技术，此领域的研究也较少。通常对实验动物的处理多采用直接将尸体焚烧或掩埋（地表 1m 以下）或固定后投入粪池，腐烂发酵后作肥料的方式。近年来，我国农业农村部已在某些研究所的生物安全实验室建设中引入国外炼制工艺设备。

第五节　实验室围护结构密封 / 气密防护装置

一、气密性防护结构和装置

为了保证生物安全实验室围护结构的气密性，建设高等级生物安全实验室时在门、穿墙设备（如传递窗、高压灭菌锅等）、穿墙管线等的设计和选择中需要对气密性予以特别关注。

（一）气密门

根据密封原理，气密门可分为充气式气密门和机械压紧式气密门，如图 2-17。充气式气密门利用橡胶条充压缩空气使其膨胀达到门框和门体间密封的目的，机械压紧式气密门是利用机械结构使门体和门框间胶条压紧变形达到密封的目的。充气密封式气密门主要由门框、门体、充气密封胶条、气密控制和电气控制装置组成，其充气密封胶条镶嵌在门体骨架的凹槽内。其工作原理为门开启时，充气密封胶条放气收缩在凹槽里，门关闭时，充气密封胶条充气膨胀，以使门和门框之间形成严格密封，同时门被紧紧锁住。机械式压紧式气密门主要由门框、门体、门体密封圈、机械压紧机构和电气控制装置组成，其中密封圈安装在门体上。其工作原理为门关闭时通过压紧机构使门与门框之间的静态高弹性密封圈压紧，使门和门框之间形成严格密封。

（二）气密型传递窗

高等级生物安全实验室通常采用气密型传递窗解决物流通道的气密性问题。传递窗是一种物品传递设备，主要用于清洁区之间或清洁区与非清洁区之间小件物品的传递，其双门采用互锁装置，以避免清洁区与非清洁区直接连通，可有效避免传递过程中发生的污染。气密型传递窗的双门均采用机械压紧的方式保证物流通道的气密性，即传递窗门板上安装有高弹性密封圈，通过压紧机构使门与门框之间形成密封带，其结构与机械式密闭门相似，气

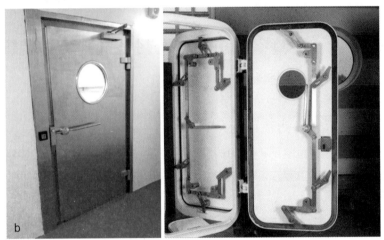

图 2-17　气密门实物图
a. 充气式气密门;b. 机械压紧式气密门。

密型传递窗实物,如图 2-18。

(三) 穿墙密封装置

　　穿越生物防护屏障的电气设备必须具有密封性才能保证整个房间围护结构的气密性。由于高等级生物安全实验室围护结构的气密性技术要求,传统的电线电缆填充密封结构不能有效维持密封技术要求,而且填充的密封胶会随时间而老化,后期维护不便。因此,国内有大动物高等级生物安全实验室选用专用于航空技术的气密性电连接器解决电线穿墙密封问题。依据不同电压电流选择相应规格的气密性电连接器,其两端分别通过电线与室内端及室外端进行连接,通过 PVC 壁板进行转接安装固定,并通过密闭胶垫与 PVC 板进行密封处理,保证电线穿墙的安全无泄漏,以满足密封技术要求。

图 2-18 气密型传递窗
a. 带消毒接口；b. 不带消毒接口

二、气(汽)体消毒物料传递舱

气(汽)体消毒物料传递舱,是利用消毒剂在常温下气体状态比液体状态更具消毒灭菌的优点,经专门设计制造而成的一种用于隔离室、隔离器等密闭空间灭菌的专用设备。部分传递舱带有空气自洁净功能,通过传递舱自带的高效过滤器,来净化空气中的尘埃粒子,通过集成或分离式的消毒灭菌器对隔离器内的所有暴露表面进行消毒灭菌。

汽化过氧化氢灭菌低温、低压,非常适用于需要低温灭菌的产品,也不需要把灭菌容器设计为压力容器。汽化过氧化氢具有良好的物料兼容性,易分解,无有害残留,最终分解为水和氧气。某汽化过氧化氢传递舱,如图 2-19。

三、渡槽

渡槽是一种特殊形式的传递窗,多用于高等级生

图 2-19 汽化过氧化氢传递舱

物安全实验室。一般的传递窗,通常主要由箱体、侧门、灭菌系统组成,侧门一侧用铰链与箱体连接,侧门另一侧装锁。由于一些物品不耐高温高压或者紫外射线方式消毒,不能由一般的传递窗通过高温高压或紫外灯来消毒,所以出现了带渡槽的生物安全型传递窗。

渡槽是安装在核心工作间与隔离走廊之间隔墙上的传递设备,主要用于传递不宜使用高温高压或者射线方式灭菌,但能耐酸耐碱的物品。渡槽由浸泡槽箱体、盖板、隔板、排水阀部件组成,盖板(侧门)为对称机械压紧式或充气式气密门。渡槽通过机械装置进行联锁,使

渡槽的两块盖板不能同时打开,以保证两边的气流不相互流通,被传递的物品在从核心工作间往隔离走廊传递中通过化学消毒剂进行消毒。渡槽实物,如图 2-20。

渡槽中装有消毒药液,通过消毒药液对不耐高温高压或者射线方式灭菌的物品进行消毒,再由排水阀将消毒药液排到室外。渡槽配备液位检测、液位显示及低液位报警功能,渡槽内还包含了物品传递装置。

图 2-20 渡槽实物

第六节 实验室通风空调系统设备

一、生物安全型高效空气过滤装置

生物安全型高效空气过滤装置(HEPA 过滤器)作为生物安全实验室的最重要的二级防护屏障,是防止有害生物气溶胶排放至大气的最有效防护手段,世界卫生组织编写的《实验室生物安全手册》和《实验室 生物安全通用要求》(GB 19489—2008)中都要求"所有的 HEPA 过滤器必须安装成可以进行气体消毒和检测方式"。目前,美国、加拿大、德国、法国等西方发达国家的高等级生物安全实验室排风使用了具有对过滤器进行原位检漏和消毒功能的高效空气过滤单元,我国也研发了具有自主知识产权的高效空气过滤单元。根据 HEPA 的安装方式,分为风口式和管道式高效空气过滤装置。

(一)风口式排风高效过滤装置结构

风口式排风高效过滤装置主要安装于实验室围护结构上,一般可进行原位消毒及检漏,通常配备有下游采样口、驱动机构、消毒口、排风高效过滤器、过滤器阻力监测器等。该类设备在使用过程可以有效防止病原微生物向外界环境的泄漏。风口式排风高效过滤装置设备外观,如图 2-21。

图 2-21　风口式排风高效过滤装置外观

a. 顶棚安装式风口型排风高效过滤装置;b. 立柱式风口型排风高效过滤装置

(二) 管道式排风高效过滤装置结构

管道式排风高效过滤装置主要安装于实验室防护区外,通过密闭排风管道与实验室相连,一般可进行原位消毒及检漏,通常配备有下游采样口、驱动机构、消毒口、排风高效过滤器、过滤器阻力监测器等,该类设备在使用过程可以有效防止病原微生物向外界环境的泄漏。设备外观如图 2-22。

图 2-22　管道式排风高效过滤装置外观

二、生物型密闭阀

生物型密闭阀主要用于高等级生物安全实验室、生物制品生产车间等生物防护设施给排风系统的管路,可有效解决管道及设备的隔离密封以及防护设施与外环境之间的隔离问题。某生物型密闭阀,如图 2-23。

《实验室 生物安全通用要求》(GB 19489—2008)第 6.3.3.10 条款规定:应在实验室防护区送风和排风管道的关键节点安装生物型密闭阀,必要时,可完全关闭。

该条款中的生物型密闭阀是 GB 19489 中提出的术语,之所以被称为生物型密闭阀,是因为其主要发挥保证生物安全的隔离作用。生物型密闭阀应视为其所在结构完整性的一部分,应满足以下要求:一是密封性符合其所在部位的要求(如 HEPA 过滤器单元的整体密封性应达到关闭生物型密闭阀及所有通路后,若使空气压力维持在 1 000Pa 时,腔室内每分钟泄漏的空气量应不超过腔室净容积的 0.1%);二是应耐腐蚀、耐老化、耐磨损。目前生物型密闭阀尚无统一的标准。

图 2-23 生物型密闭阀

风管系统中密闭阀设置主要考虑的问题包括:房间之间的隔离(避免房间之间空气流动)、保证 HEPA 过滤器或房间消毒的密闭性。图 2-24 为气体整体循环消毒 HEPA 过滤器示意图,可以看出,风管上的密闭阀是根据消毒区域和方案进行设置的。

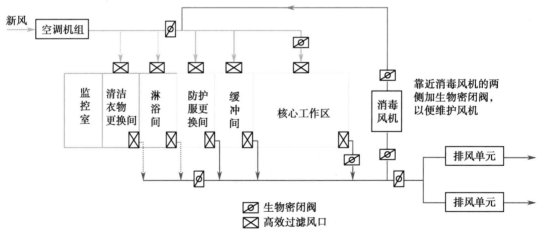

图 2-24 气体整体循环消毒 HEPA 过滤器示意图

第三章

高等级生物安全实验室防护设备相关标准

设备标准不仅是设备生产、评价的依据,更是保证设备性能的基础。处在当今全球化经济时代,不同国家标准之间的相容性也直接影响相关产品能否占有全球市场。我国涉及高等级生物安全实验室防护设备的标准主要有《实验室 生物安全通用要求》(GB 19489—2008)和《实验室设备生物安全性能评价技术规范》(RB/T 199—2015)。GB 19489—2008是对实验室的通用要求,多为原则性要求,对实验室设备的检测项目和检测方法没有具体规定;RB/T 199—2015仅规定了生物安全实验室中常见防护设备的生物安全性能评价要求。我国高等级生物安全实验室中大多数生物安全关键防护设备,尤其生物安全四级实验室所使用的正压防护服、化学淋浴消毒装置、动物残体处理系统等设备缺乏相关产品标准,缺乏对相关技术参数的要求。实验室无法参考相关标准要求选购,给实验室的使用者和管理者带来了风险。

欧美等国高等级生物安全实验室中某些设备的产品标准也尚未建立,美国、法国、德国等国家生产的产品技术指标各不相同。但这些国家起步早,相关企业产品已成熟并占领市场。这类产品属于非标准产品,用户根据需要量身定做,产品价格非常昂贵,产品实现国产化后,经济成本可大大缩减。为促进国产化设备生产工艺的优化提升及技术定型,应尽快分析国内外相关标准差异,建立相关标准,为我国自主研制的实验设备量化生产和投入使用提供技术支撑。

本章通过系统梳理高等级生物安全实验室设备产品标准、方法标准等的发展史,按照个人防护装备、实验室初级屏障防护、消毒灭菌与废弃物处理、实验室维护结构密封、实验室通风空调系统的生物安全设备分类,研究分析了19种生物安全防护设备的国内外标准的差异,以了解我国标准现状和存在不足,并对缺失标准提出相关建议,为相关国家、行业或产品标准的制定提供技术参考。

第一节　高等级生物安全实验室设备标准现状

世界各国重视标准化工作的主要目的,是为了提升产品和服务质量,促进科学技术进步,保障人身健康和生命财产安全,维护国家安全、生态环境安全,提高经济社会发展水平。高等级生物安全实验室防护设备是实验室生物安全的重要物质基础,既关乎人身健康和生命财产安全,也关乎科学技术进步,所以其标准化工作不仅意义重大,更是刻不容缓。

按照 2017 年修订的《中华人民共和国标准化法》,我国的标准包括国家标准、行业标准、地方标准、团体标准和企业标准。国家标准分为强制性标准、推荐性标准,行业标准、地方标准是推荐性标准。强制性标准必须执行。国家鼓励采用推荐性标准。根据应用分类,标准则可分为基础标准、产品标准、方法标准等。基础标准是指在一定范围内作为其他标准的基础并具有广泛指导意义的标准,与高等级生物安全实验室设备相关的基础标准包括《实验室　生物安全通用要求》(GB 19489—2008)等;产品标准是指对产品结构、规格、质量和性能等做出具体规定和要求的标准,高等级生物安全实验室设备相关的产品标准如《排风高效过滤装置》(JG/T 497—2016)等;方法标准是针对产品性能和质量方面的测试而制定的标准,高等级生物安全实验室设备相关的方法标准如《实验室设备生物安全性能评价技术规范》(RB/T 199—2015)等。

一、高等级生物安全实验室设备相关的基础标准发展

国际上与高等级生物安全实验室设备相关的基础标准(包括手册),具有典型代表性的包括 WHO 发布的《实验室生物安全手册》、美国 NIH 和 CDC 发布的《微生物和生物医学实验室生物安全》、加拿大卫生部发布的《实验室生物安全手册》等,均对高等级生物安全实验室设备提出了技术要求或使用要求。

为了指导实验室生物安全,减少实验室事故的发生,1983 年 WHO 发布了《实验室生物安全手册》(Laboratory Biosafety Manual)的第 1 版,提倡各国执行生物安全的基本概念,同时鼓励各国针对本国实验室如何安全处理病原微生物制定具体的操作规程,并为制定这类规程提供专家指导。从此,生物安全实验室在世界范围内有了一个统一的标准和基本原则。随着实验室生物安全工作经验的积累,涉及生物安全工作的仪器、设备、材料的不断发展,生物安全实验室也在不断发展和完善。据此,WHO 又分别在 1993 年、2004 年和 2020 年发布了《实验室生物安全手册》的第 2 版、第 3 版和第 4 版。

美国 NIH 和 CDC 于 1983 年联合发布了第 1 版《微生物和生物医学实验室生物安全》(Biosafety in Microbiological and Biomedical Laboratories,BMBL),该手册是国际公认的比较详细的实验室生物安全操作指南,最早提出了根据病原微生物的危险度将病原微生物及其实验室活动分为四个安全等级,目前已经更新至第 6 版。加拿大于 1990 年发布了第 1 版《实验室生物安全指南》(The Laboratory Biosafety Guidelines),并成立了实验室疾病控制中

心联合工作组,为那些以研究或开发为目的而进行人类病原体操作的机构提供相应等级的实验室设计、建设和在其中工作的人员培训技术资料,并先后于 1996 年和 2004 年出版了第 2 版和第 3 版。2013 年,加拿大在综合其指南和其他安全标准的基础上,出版了具有加拿大政府背景的第 1 版《加拿大生物安全标准和指南》(*Canadian Biosafety Standards and Guidelines*,CBSG),分别对操作或储存人或动物的病原体和毒素提出了要求(第一部分)、制定了指南(第二部分)。2015 年更新发布了第 2 版。

20 世纪 90 年代后期,我国开始酝酿制定实验室生物安全准则或规范。在参考了美国 NIH 和 CDC 发布的《微生物和生物医学实验室的生物安全手册》第 3 版以及 WHO 发布的《实验室生物安全手册》第 2 版的基础上,并结合我国多年的工作经验,于 2000 年完成送审稿,2002 年经卫生部批准颁布了我国实验室生物安全领域第一个行业标准《微生物和生物医学实验室生物安全通用准则》(WS 233—2002),标志着我国开始实验室生物安全的规范化管理。该标准的现行版本为《病原微生物实验室生物安全通用准则》(WS 233—2017)。兽医主管部门也于 2010 年发布了《兽医实验室生物安全要求通则》(NY/T 1948—2010)。

2003 年国内 SARS 疫情的大规模爆发,引起了人们对生物安全的高度关注,当时国内尚无有关生物安全实验室的国家标准。为此,2004 年中国实验室国家认可委员会会同有关单位,编制了我国第一部生物安全实验室国家标准《实验室 生物安全通用要求》(GB 19489—2004),该标准规定了实验室从事研究活动的各项基本要求,包括风险评估及风险控制、实验室生物安全防护水平等级、实验室设计原则及基本要求、实验室设施和设备要求、管理要求,目前该标准的现行版本为 GB 19489—2008。

为配套该国家标准的顺利实施,更好地指导国内生物安全实验室的建设,2004 年中国建筑科学研究院会同有关单位,编制了我国第一部生物安全实验室建设方面的国家标准《生物安全实验室建筑技术规范》(GB 50346—2004),该标准规定了生物安全实验室的设计、建设及检测验收等相关内容,主要内容涉及建筑各个专业,如规划选址、建筑、结构、通风空调、给水排水、气体、电气自控、消防等,目前该规范的现行版本是 GB 50346—2011。

移动式实验室的使用目的不同于固定实验室,为适应我国移动式生物安全实验室建造和管理的需要,促进发展,我国又编制发布了《移动式实验室生物安全要求》(GB 27421—2015)。《植物生物安全实验室通用要求》国家标准目前正在制定过程中。

二、高等级生物安全实验室设备相关的产品标准发展

生物安全实验室关键防护设备种类众多,包括生物安全柜、动物隔离设备、动物解剖台、实验动物换笼台及垫料处置柜、高效空气过滤器及高效空气过滤装置、气密门、消毒装置、正压防护服、生命支持系统、化学淋浴消毒装置、高压蒸汽灭菌器、生物废水处理系统、动物残体处理设备、生物防护口罩、医用防护服、正压呼吸器、口罩密合度测定仪、传递窗、密闭阀等。目前部分关键防护设备已有国内外相关标准,如生物安全柜、动物隔离器等,但也有部分关键防护设备缺少统一的国际标准或国家标准,如生命支持系统、动物残体处理设备等。

早在 1950 年美国公共卫生协会组织的学术会议期间就展出了一级生物安全防护设备,随后美国陆军生物武器实验室的现代生物安全之父阿诺德·魏杜姆(Arnold G. Wedum)于

1953 年发表文献系统介绍了Ⅰ级生物安全柜、Ⅱ级生物安全柜、密封离心套筒、摇床、动物饲养设备等,并列表分析了常见微生物操作的危害。而目前使用的高等级生物安全实验室设备中,其产品标准最早则可以追溯到 1976 年美国国家卫生基金会制定的标准《Ⅱ级(层流)生物安全柜》(NSF/ANSI 49)。随后澳大利亚、日本、德国、英国、法国等在 1980 年前后也相继发布关于生物安全柜的标准,2000 年前后,澳大利亚和新西兰以及欧盟又发布了多个国家共同适用的生物安全柜标准。

此后各国相继发布相关防护设备的法规和产品标准,如美国联邦颁布了法规 42 CFR Part 84 对呼吸防护装备加以规定,美国材料与试验协会(American Society for Testing and Materials,ASTM)制定了防护服标准《化学防护服标签的标准操作规程》(ASTM F1301),美国国家标准学会(American National Standards Institute,ANSI)制定了头部防护用品标准《工业头部防护》(ANSI/ISEA Z89.1),日本制定了工业标准(Japanese Industrial Standards,JIS)的压力容器标准《压力容器结构——一般事项》(JIS B8265),德国标准化学会(Deutsches Institut fur Normung,DIN)制定了核设施标准《核设施通风组件》(DIN 25496),欧洲标准(European Norm,EN)中有呼吸防护装置标准《呼吸保护装置——全面罩要求、试验和标记》(EN 136),国际标准化组织(International Organization for Standardization,ISO)制定了密封和隔离产品标准,相关产品也越来越多地应用于高等级生物安全实验室。而国际电工委员会标准(International Electrotechnical Commission,IEC)的电器安全标准则在更多的产品中得到应用。但对于高等级生物安全实验室专用性强的防护设备,如实验室生命支持系统、化学淋浴设备、动物残体处理设备等,目前尚无专门的标准。

与欧美发达国家相比,我国生物安全实验室防护设备研究起步较晚,一些关键防护设备从国外进口,对应的标准也是参考借鉴国外标准。随着国内对于生物安全领域逐步重视,对生物危害控制需要日益迫切,从 2005 年起国内相继发布实施了部分防护设备标准,包括《生物安全柜》(JG 170—2005)、《Ⅱ级生物安全柜》(YY 0569—2011)、《传递窗》(JG/T 382—2012)、《排风高效过滤装置》(JG/T 497—2016)等。但仍需看到,由于国产化防护设备起步较晚,设备标准落后于国际主流水平,标准体系尚不健全。

三、高等级生物安全实验室设备相关的方法标准发展

根据实际应用的需要,近年来国内针对生物安全实验室防护设备的产品性能和质量测试制定了多项标准,包括《实验室设备生物安全性能评价技术规范》(RB/T 199—2015)、《高效空气过滤装置评价通用要求》(RB/T 009—2019)、《实验动物屏障和隔离装置评价通用要求》(RB/T 010—2019)等。

第二节　高等级生物安全实验室设备标准对比分析

高等级生物安全实验室设备可分为个体防护装备、实验室初级防护装备、消毒灭菌与废

弃物处理设备、实验室围护结构密封／气密防护装置和实验室通风空调系统设备等类别。

一、高等级生物安全实验室设备国内外标准比较

通过检索 2019 年前的相关国内外标准、法规、文献及产品说明书，并通过现场调研、专家论证，剖析了高等级生物安全实验室关键防护设备的原理、分类和性能，对国内外已有标准进行了系统比对分析，结果表明如下。

1. 生物防护口罩、正压呼吸器、医用防护服、Ⅱ级生物安全柜、Ⅲ级生物安全柜、压力蒸汽灭菌器、消毒装置、高效空气过滤装置等设备我国已经具备产品标准并适用于生物安全实验室的使用，其标准水平与国际相当。我国目前有传递窗的设备标准，但在传递窗气密性指标及试验方法上，目前的定性试验方法不能满足对同类型产品进行性能优劣比较的市场需求。

2. 正压防护服、实验室生命支持系统、化学淋浴设备、动物负压解剖台、换笼工作台、动物垫料处置柜、动物隔离器、废水处理系统、动物残体处理系统、气密门、气密型传递窗、生物型密闭阀等设备，国际上尚没有专门的产品标准，企业均为参照类似标准生产、检测，如正压防护服参照化学防护服等标准进行制造并满足其他性能，废水处理系统则参照压力容器的制造并具备特殊功能进行制造。人员防护装备佩戴密合度测定仪在国内外有具体的测试方法标准，但均无产品标准。相关设备标准的详细信息见表 3-2。

二、高等级生物安全实验室设备标准编修建议

通过国内外标准的比对分析，发现一些国家通过法规和行业要求，对设备提出要求，而我国则通过法规对设备提出总体要求，通过强制性标准对设备进行管理。对于生物安全四级实验室的专有设备由于需求量少，国内外都缺乏具体的产品标准。我国的生物安全设备标准的数量和水平与国际水平相当，且我国《实验室设备生物安全性能评价技术规范》（RB/T 199—2015）标准对设备的生物安全性能的评价走在了国际前列。

通过对实验室的调研发现，美国、法国、德国等国家的设备虽然没有专门标准，但参照了一些类似标准且又能满足实验室特殊需求，仍然占有很大的国际市场。我国设备研发起步较晚，需要借鉴国外实验室和企业经验，尽快建立相关标准，为规范产品质量，提升国产化水平奠定基础。

（一）生物防护口罩

《呼吸防护用品自吸过滤式防颗粒物呼吸器》（GB 2626—2006）中 KN95 及以上颗粒物防护口罩及《医用防护口罩技术要求》（GB 19083—2010）中医用防护口罩均适用于生物安全实验室。其中医用防护口罩还有防合成血穿透、表面抗湿性等性能，在医疗工作环境下，可过滤空气中的颗粒物，阻隔飞沫、血液、体液、分泌物等。标准与国外标准指标相类似，但需要关注密合度指标与佩戴者的脸型密切相关，中国医用防护口罩设计定型建立在中国人的面型基础上，因此制造上会在产品构型设计上充分考虑中国人面型特点。建议为适应出口国和区域的要求，按照中国标准测试方法选择典型区域受试者进行测试，必须时进行构型改进。

（二）正压呼吸器

我国的正压呼吸器的标准包括过滤式呼吸器的标准《呼吸防护动力送风过滤式呼吸器》（GB 30864—2014）、隔离式呼吸器的标准《呼吸防护长管呼吸器》（GB 6220—2009）、《自给开路式压缩空气呼吸器》（GB/T 16556—2007）。标准紧跟国际水平,体系比较完善,可以满足正压式呼吸器产品的生产和使用需求。

（三）医用防护服

医用防护产品属于原国家食品药品监督管理总局管理,作为二类医疗器械,目前只有一个产品标准,一个级别,只能满足院感控制或生物隔离的基本需要。今后的标准制定应按照面临的生物安全风险分级对产品进行相应分级,制定相应的技术标准。对于生物安全三级以上实验室的身体防护问题,国内相应产品研发非常有限。建议国家或行业标准管理部门能从创新角度和国家生物安全防护的战略角度,重视高级别生物安全实验室设备标准的研究,深化战略部署,谋划发展格局,推动国家生物安全防护产品产业的发展。

（四）正压防护服

目前国内外均没有专门用于高等级生物安全实验室的正压防护服标准。正压防护服的研制多参考气密性化学防护服和防放射性污染防护服标准中的相关指标,由于适用场所不同,各标准的指标也不尽相同,应该结合高等级生物安全实验室的实际情况,尽快建立适用于正压防护服的专用标准。

由于正压防护服是高危生物污染环境作业人员防护的重要装备,西方国家将其列为出口管制产品。澳大利亚集团在其官网发布了生物两用设备及相关技术和软件出口管制清单,其中包括"生物安全三级和四级防护水平的全面防护设施、正压下操作实用的全身或半身防护服或防护罩"等,这也凸显了我国自主研发生产正压防护服以及建立正压防护服标准的必要性和紧迫性,对规范行业制造水平和保障实验室生物安全具有重要意义。

（五）口罩密合度测试仪

国内外标准中均提出密合度测定的要求,但是尚无针对关于密合度测试仪性能评价的技术标准,需要提出对个体呼吸防护装备密合度测试仪的外观、环境适应性、电源适应性、流量、噪声等做出具体的技术要求,以及针对这些技术要求进行的检测方法,保证个体呼吸防护装备密合度测量结果的准确性。密合度测试仪评价标准的制定将保证密合度测试仪的技术参数满足性能要求,保证测试结果的准确性,为生物安全实验室安全防护提供保障。

（六）实验室生命支持系统

针对生物安全四级实验室生命支持系统的评价,我国采用的技术规范是《实验室设备生物安全性能评价技术规范》（RB/T 199—2015）,关于气体组分浓度的评价指标参考了《欧洲呼吸空气标准》（EN 12021∶1998）。然而,在我国高原等地区的大气中 CO、CO_2、O_2 含量不能满足指标要求,应该针对不同地区制定生命支持系统的评价技术规范。

我国生物安全实验室相关标准《实验室　生物安全通用要求》（GB 19489—2008）和《生物安全实验室建筑技术规范》（GB 50346—2011）中关于生命支持系统的描述没有针对其物理性能和生物安全性能做出具体的规定。国际及国内都有直接呼吸防护用压缩空气的相关标准,对呼吸防护装置用的压缩空气质量、压力等作出了规定,但没有对可呼吸压缩空气装置组成、结构和材料等技术要求进行规定。因此,建议我国制定生命支持系统相关国家或行业标准,以更好地指导我国高级别生物安全实验室的安全建设。

(七)化学淋浴设备

在《实验室设备生物安全性能评价技术规范》(RB/T 199—2015),《生物安全实验室建筑技术规范》(GB 50346—2011)、《消毒技术规范(2002 版)》的基础上,建立对化学淋浴装置评价的标准。对其进行物理性能评价,包括化学淋浴消毒装置的外观、材料、焊接密封工艺、电气安全要求、互锁及解除互锁装置等;对其进行生物安全性能评价,包括箱体气密性、给排风高效过滤器检测、换气次数、防回流装置、液位报警装置、箱体内外压差、应急手动消毒装置、正压防护服表面消毒效果验证等。针对化学淋浴消毒装置电气安全、材料使用、环境指标、消毒效果等内容,对其关键性的技术性能进行明确规定,便于进行有效评价。

(八)生物安全柜(Ⅱ级、Ⅲ级)

生物安全柜在国际上已经有比较成熟的产品标准,我国目前也有相应的行业标准,国家标准也正在筹备中。国际和国内关于生物安全柜分类和各性能指标,没有原则性差别。根据 2013—2015 年度中国建筑科学研究院对 962 台生物安全柜的现场实测数据,发现生物安全柜的竖直气流平均风速、工作窗口进风平均风速、噪声及送排风高效过滤器检漏等各检测参数按照不同的评价标准其合格率存在明显区别。其统计数据显示了目前我国生物安全柜使用现状,为后期我国生物安全柜标准修编过程中所需检测项目以及评价指标的确立提供数据支持。

(九)小动物负压解剖台

小动物负压解剖台缺乏产品标准,行业只能依据其使用及风险控制特点,参考类似用途隔离保障设备的相关标准梳理并形成其性能指标体系。从标准对比分析看,所梳理形成的必要技术参数体系参考了近 10 项不同领域的国内外相关标准,给实验室实际操作人员理解并对其所购设备进行安全操作与维护带来了一定困难。同时,目前在一些关键性的风险控制环节尚未有可供参考的标准规定,例如废液收集装置的严密性要求、转运及装卸过程中必要的防止溢洒密封措施要求以及相应验证试验方法等。因此,建议针对该类型产品在生物安全实验室的应用特点以及风险控制需求开展针对性研究、建立针对性产品标准。

(十)换笼工作台和动物垫料处置柜

国内外尚无相关产品标准,各国厂家一般参照相应的生物安全柜标准进行产品的设计及质量设计。从行业实际应用情况来看,小型实验动物换笼工作台及垫料处置柜在高等级生物安全实验室内的应用较少,市场规模有限,国内外相关行业缺乏制定相应技术标准的动力。但就该类技术产品的广义应用来看,产品在基础医药研发、安全评估等需要进行大规模动物实验的科学应用领域具有广泛的应用前景。而从标准的市场导向功能上看,通过制定针对性的产品技术标准,确保产品的人员保护功能,降低目前相关行业人员居高不下的过敏体质现状,提升人员职业健康保护,具有积极的意义。因此建议相关制造企业、实验室用户以及检测认可机构,以实验动物换笼工作台及垫料处置柜作为研究对象,制定相应的技术产品标准。同时,需要梳理产品在防止气溶胶逸散、废弃垫料运输、收集、消毒灭菌处理全过程的风险点,以及相应的控制措施与要求。

(十一) 动物隔离器

国内外相关标准仅对实验动物隔离器的某些技术指标提出了要求,并未涵盖用于各种不同实验动物隔离器的所有技术指标与要素,相关标准仍需要进一步完善或制定,以便用户参考相关标准要求选购实验动物隔离器及设备,检测机构采用标准的技术指标与检测方法对实验动物隔离器进行科学评价。目前,《实验动物隔离器通用评价要求》已在制定过程中,对其分类、检测、性能与评价要求、评价规则进行了规定,适用于生物安全实验室。

(十二) 压力蒸汽灭菌器

在压力蒸汽灭菌设备中的压力容器方面,国内标准《固定式压力容器安全技术监察规程》(TSG 21—2016)和《压力容器》(GB 150.1~150.4—2011),美国标准《压力容器》(ASME Ⅷ 第一分册)、欧盟《承压设备指令》(2014/68/EC)和日本《压力容器构造》(JIS B8265),这些规范及标准中对快开门式压力容器的快开门结构都没有具体的要求,都是仅对快开门式压力容器的安全联锁装置给出了具体要求,且要求基本一致。在压力蒸汽灭菌器的专门标准方面,对大型压力蒸汽灭菌器,2016 年欧盟发布实施了新版本《灭菌 - 蒸汽灭菌器 - 大型灭菌器》(EN 285—2015)代替了其旧版本 EN 285 :2006 +A2 :2009,使我国标准《大型蒸汽灭菌器技术要求　自动控制型》(GB 8599—2008)与《大型蒸汽灭菌器》(EN 285—2015)的差异性增大;对小型蒸汽灭菌器,2014 年欧盟发布实施了新版本《小型蒸汽灭菌器》(EN 13060—2014),替代了《小型蒸汽灭菌器》(EN 13060—2004),使我国标准《小型蒸汽灭菌器自动控制型》(YY/T 0646—2015)与《小型蒸汽灭菌器》(EN 13060—2014)的差异性增大。因此,我们需要关注国际趋势与使用过程中的问题,适时启动对《大型蒸汽灭菌器技术要求自动控制型》(GB 8599—2008)和《小型蒸汽灭菌器　自动控制型》(YY/T 0646—2015)的修订。生物安全实验室的高压物品会有消毒剂,如次氯酸钠或过氧乙酸等浸泡或擦洗的情况,因此对于灭菌器的材质要求比较高。进口压力蒸汽灭菌设备的内腔和夹套均采用 316 型不锈钢,而国内的灭菌设备目前内壳还是以 304 不锈钢、夹套以碳钢为主。在综合抗腐蚀能力方面,316 型不锈钢优于 304 型不锈钢,材料抗腐蚀性的差异会导致设备的使用寿命存在较大差异。生物安全实验室用压力蒸汽灭菌设备,在灭菌过程中都装载了多种有毒有害病原微生物,灭菌用的消毒剂含有酸碱等腐蚀性物质,尤其是属于压力容器的灭菌器在超压状况下,安全阀或爆破片进行紧急泄放时,排放的气体和液体都应该有专用的收集和处理装置。目前,在压力容器有关标准中仅是对排放做出原则性要求,如: 为避免排放介质可能引起的生物危险物质外泄,应在安全阀的排出口装设导管,将排放介质引至安全地点,并且进行妥善处理。因此建议在灭菌器产品标准中增加有关排放物收集和处理装置的具体要求,以保证操作者和环境安全。

(十三) 废水处理系统

《生物废水灭活装置》(JB/T 20189—2017)在国内外首次专门对生物废水装置提出了标准要求。但标准针对制药行业,且没有对热力消毒设备进行分类,标准文本按照序批式热力消毒方式进行编写。《实验室设备生物安全性能评价技术规范》(RB/T 199—2015)对灭菌效果以及安全阀、压力表检定、温度传感器和压力传感器均提出了要求。生物安全实验室废水标准可按照消毒原理不同进行分类,补充连续流处理方式。

国内废水处理系统与国外同类产品相比存在差距,但是标准并不滞后,随着国家对相关领域的重视,通过专家学者及产品的设计者和使用者的共同交流与提高,我国的产品也在不断改进提高。

(十四)消毒装置

生物安全实验室空间大小不同,对于如何使消毒剂均匀分布是个大问题,这也是标准中没有涉及的方面。实验室需有直接放置设备进行室内消毒、通过导管进入室内进行消毒或通过消毒旁路进行消毒等,需要总结经验,进一步完善消毒具体实施过程。

(十五)动物残体处理系统

该设备属于压力容器,同时具备自身特殊要求。目前国内外均无特定产品标准。从系统本身的特性及对高等级生物安全实验室的适用性,建议制定标准,部分参数参照《固定式压力容器安全技术监察规程》(TSG 21—2016)、《病害动物和病害动物产品生物安全处理规程》(GB 16548—2006)和《实验室设备生物安全性能评价技术规范》(RB/T 199—2015)等生物安全实验室相关规范,并借鉴国内外压力蒸汽灭菌器及国外对于动物屠宰处理设备的相关标准。压力容器部分内容按照《压力容器》(GB 150.1~150.4—2011)、《固定式压力容器安全技术监察规程》(TSG 21—2016),增加压力容器要求和灭菌器门的安全联锁要求。设备应具备安全联锁功能,设备在装载或运行节点均应使用手动和自动共同控制,并设置基于压力检测下报警功能,在非手动确认的条件下禁止启停操作。欧洲动物残体处理工作委员会(Carcass Disposal Working Group)对炼制工艺的动物残体处理设备规定了5种标准工艺,其中罐体设计压力不小于 0.3mPa,与现行压力蒸汽灭菌器参数相似。由于生物安全实验室的特殊性,对灭菌性能的要求和罐体安全性能要求更高。根据《实验室设备生物安全性能评价技术规范》(RB/T 199—2015)规定,排放指标应按照《医疗机构水污染物排放标准》(GB 18466—2005)中的综合医疗机构和其他医疗机构水污染物排放限值要求。由于动物残体处理系统工艺的特殊性,某阶段中气体需要在未灭活的情况下排放。系统必须设置高效空气过滤器,这与压力蒸汽灭菌器的设置相似。并且在安全阀后也需要设置高效空气过滤器。系统应具备高效空气过滤器在线检漏、完整性测试的功能并具备合理的消毒更换方式。

(十六)气密门

在生物安全领域,国内外均没有制定专门用于气密门的相关技术标准,我国也仅规定了现场测试要求。气密门作为设施围护结构密封的关键防护设备之一,如何确定并量化气密门的气密性指标成为制定相关评价标准的关键。影响房间密封性的设施设备主要有围护结构本身以及气密门、密闭阀、气体管路、线路、通风管道、传递窗、压力蒸汽灭菌器等穿墙设备,其中任何一部件的密封性能偏低都会影响房间整体的密封性,同时现场安装测试难以对其气密性进行量化评价,这就为客观评价某一设备本身气密性带来了难题。气密门所安装房间的有效容积各不相同且差异比较大,比如核心工作间、动物尸体解剖间、气锁间等。在相同的压差衰减速率下,不同容积的房间其单位时间泄漏的空气量是不同的,房间容积越大允许泄漏的空气量就越大。换言之,相同的压差衰减速率,在不考虑房间其他设备对气密性的影响,小房间对气密门的气密性要求要高于大房间对气密门的气密性要求。从另一个角度考虑,不同的功能其要求也不尽相同,核心工作间安装的各种管、线穿墙设备数量要远高于气锁间,其易泄漏的部件较多,因此,其对各部件的密封要求也更高。因此,在确定气密门气密性指标时应充分考虑上述情况,保证有一定的冗余指标,以使其具有普遍适用性。关于确定气密门泄漏指标的问题,可参考《密封箱室密封性分级及其检验方法》(EJ/T 1096-1999),直接以门的整体泄漏量为测试指标。

(十七)气密型传递窗

从目前国内外现行标准化体系的比较上来看,美国、欧洲等发达国家尚未建立传递窗的国家或地区标准,而 ISO 国际标准中的传递设备涵盖了传递门、传递通道、传递窗以及传递转运桶等广义范围的物品传递交流设备,内容更宽泛,但缺乏对传递窗尤其是应用于生物安全领域的传递窗在技术指标、验证评价方法等方面的具体信息。国内行业标准在传递窗分类上,主要类别与 ISO 标准所规定类别基本一致,并且同时明确了性能指标以及相应试验方法,规定更为清晰合理,也更符合我国洁净受控环境的使用需求。但在传递窗气密性指标及试验方法上,目前的定性试验方法不能满足对同类型产品进行性能优劣比较的市场需求,建议在标准后续修订改进中参照 ISO 10648-2《密封箱——第 2 部分:根据根据密封性及相关检查方法进行分类》(*Containment enclosures—Part 2:Classification according to leak tightness and associated checking methods.*),完善实验方法以及指标要求,进一步满足传递窗产品在我国生物安全领域的应用需求,促进行业发展与进步。

(十八)高效空气过滤器及高效空气过滤装置

目前排风高效过滤装置的国内外标准体系的主体技术路线一致,但在具体操作方法、试验参数方面存在差异,而这些差异均源自我国工程技术人员近年来所进行的大量理论及实验研究工作,这些工作为我国标准体系的制定与持续改进提高提供了科学可靠的技术支撑。从目前的国内标准应用情况来看,我国现行标准《排风高效过滤装置》(JG/T 497—2016)充分反映了我国生物安全实验室当前的实际使用需求以及风险控制特点。因此,建议继续维持现行标准,并在未来实际应用过程中积极收集来自制造企业、用户以及检测认可机构的反馈信息,积极开展标准修订维护,提升标准技术水平。

(十九)生物型密闭阀

结合产品介绍及其对比分析,依据我国及国际现行相关标准,应在我国生物安全实验室相关标准中建立对密闭阀门材料设计、结构设计及功能实现、压力边界试验的具体要求。

第三节 发展与展望

高等级生物安全实验室作为从事高致病性病原微生物检测和科学研究的重要技术平台,必须能够保护实验室工作人员不被感染,保护外界环境不受污染。

标准是保证生物安全实验室安全管理和安全运行的重要手段,通过建立严格、规范化的标准体系,能实现生物安全实验室科学化、规范化、效率化、连续化的控制。目前我国已经发布了《实验室 生物安全通用要求》(GB 19489—2008)、《移动式实验室 生物安全要求》(GB 27421—2015)、《病原微生物实验室生物安全通用准则》(WS 233—2017)和《兽医实验室生物安全要求通则》(NY/T 1948—2010)等生物安全实验室的通用标准,《生物安全实验室建筑技术规范》(GB 50346—2011)等建筑标准,《Ⅱ级生物安全柜》(YY 0569—2011)、《排风高效过滤装置》(JG/T 497—2016)、《传递窗》(JGT 382—2012)等设备标准,以及《实验室设备生物安全性能评价技术规范》(RB/T 199—2015)等设备评价标准。但是,高等级生物安全实验室所使用的大多数生物安全关键防护设备尚缺乏相关产品标准,尤其生物安全四级实验室所使用的正压防护服、化学淋浴装置、动物残体处理系统等设备。由于产品相关技术参数缺失,实验室无法参考相关标准要求选购,给实验室的使用者和管理者带来了风险。

国际上关于高等级生物安全实验室关键防护设备已经建立了部分标准,但部分设备在欧美等发达国家也尚未建立产品标准,导致美国、法国、德国等国家生产的产品技术指标各不相同,高等级生物安全实验室设备国内外标准分析,如表3-1。但这些国家起步早,相关企业产品已成熟并占领市场。同时由于这类产品往往属于量身定做,产品价格昂贵,因此高等级生物安全实验室关键防护设备的国产化,不仅会在经济上带来巨大回报,更是维护国家安全的需要。

表 3-1　高等级生物安全实验室设备国内外标准分析

设备类别	设备名称	国内主要标准			国外主要标准			进口产品采用其他领域标准	
		法规及管理标准	产品标准	方法标准	法规及管理标准	产品标准	方法标准	产品标准	方法标准
个体防护装备	生物防护口罩	无	GB 19083 GB 2626 GB 30864	GB/T 18664	42 CFR 84 Directive 89/686/EEC CAN/CSA Z94.4	EN 12941 EN 12942 EN 140 EN 143 EN 136 EN 149 AS/NZS 1716	无	无	无
	正压呼吸器	无	GB/T 16556 GB 6220 GB 30864 GA 2610 GA 124	无	42 CFR 84 Directive 89/686/EEC	EN 137 EN 14594 AS/NZS 1716 NFPA 1981	无	无	无
	医用防护服	部分参数 GB 19489 YY/T 1499 YY/T 1498	GB 19082	部分参数 YY/T 0689 YY/T 0699 YY/T 0700 YY/T 0867 YY/T 1425	AAMI TIR11 ANSI/AAMI PB70 NFPA 1999	ISO 16542 EN 13795 EN 14126	无	无	无

续表

设备类别	设备名称	国内主要标准			国外主要标准			进口产品采用其他领域标准	
		法规及管理标准	产品标准	方法标准	法规及管理标准	产品标准	方法标准	产品标准	方法标准
个体防护装备	正压防护服	部分参数 GB 19489 GB/T 29510 GB/T 4536 GB/T 3640 GB/T 0097	部分参数 GB/T 29511 GB 24539 GB 24540 GB/T 29512 GB/T 20991	部分参数 GB/T 20654 GB/T 20655 GB/T 23462	部分参数 ISO/TR 11610 ASTM F1296 ASTM F1301 ASTM F1461 ASTM F1494	部分参数 ISO 16602 ISO 13688 ISO 13982-1 ASTM 11.03 NFPA 1994 NFPA 1999 EN 1073-1 EN 1073-2 EN 14126 EN 943-2 EN 943-1 EN 388	部分参数 ASTM F1194 ASTM F1001 ASTM F2053 ASTM F2061 ISO 13982-2 ISO 13994 ISO 13995 ISO 13996 ISO 13997 ISO 16603 ISO 16604 ISO 17491-1 ISO 17491-2 ISO 17491-3 ISO 17491-4 ISO 17491-5 ISO 22609 ISO 22612 ISO 6529 ISO 65305 ISO 6942 ASTM F 1291 ASTM F1342M ASTM F1359 ASTM F1383 ASTM F1407 ASTM F1670 ASTM F1671/F1671M ASTM F1819 ASTM F2588 ASTM F2668 ASTM F2815 ASTM F739 EN 14325 EN 464 EN ISO 17491-3 EN ISO 17491-4 EN ISO 22612 EN 464 EN 530 ISO 5470-1 ISO 7854 ISO/TS 16976-2	无	无

设备类别	设备名称	国内主要标准			国外主要标准			进口产品采用其他领域标准	
		法规及管理标准	产品标准	方法标准	法规及管理标准	产品标准	方法标准	产品标准	方法标准
个体防护装备	口罩密合度测试仪	无	无	部分参数 GB 19083	部分参数 29 CFR 1910.134	无	部分参数 ANSI/AIHA/ASSE Z88.10	无	无
	实验室生命支持系统	部分参数 GB 19489	无	部分参数 GB/T 31975 RB/T 199	无	无	部分参数 CGA G-7.1 NFPA 1989 EN 12021	无	无
	化学淋浴设备	部分参数 GB 19489	无	部分参数 RB/T 199	无	无	无	无	无
实验室初级防护装备	Ⅱ级生物安全柜	无	YY 0569 JG 170（已撤销,新国标已立项）	部分参数 RB/T 199	无	NSF/ANSI 49 AS 2252.2 EN 12469 JIS K3800	无	无	无
	Ⅲ级生物安全柜	无	JG 170（已撤销,新国标已立项）	部分参数 RB/T 199	无	NSF/ANSI 49 AS 2252.3 EN 12469	无	无	无
	小动物负压解剖台	无	无	无	无	无	无	无	无
	换笼工作台	无	无	无	无	无	无	NSF/ANSI 49 EN 12469	无
	动物垫料处置柜	无	无	无	无	无	无	NSF/ANSI 49 EN 12469	无
	动物隔离器	部分参数 GB 14925 GB 50447	产品标准待发布	部分参数 RB/T 199	无	无	无	无	部分参数 ISO 10648-1 ISO 10648-2 ISO 14644-7 ISO 11933-3 EN 1822-1 EN 13091 EN ISO 14644-3 EN 12469

续表

设备类别	设备名称	国内主要标准			国外主要标准			进口产品采用其他领域标准	
		法规及管理标准	产品标准	方法标准	法规及管理标准	产品标准	方法标准	产品标准	方法标准
消毒灭菌与废弃物处理设备	压力蒸汽灭菌器	TSG 21	GB 150.1~150.4 GB 8599 YY 1007 YY 0085.1 YY 0085.2 YY/T 0646	YY 1277 GB 18282.3 GB 18282.4 GB 18278 GB 18281.3	ASME Ⅷ-Ⅰ Directive 2014/68/EC AD 2000	EN 285 EN 13060	ISO 7665-1 ISO 1138-3 ISO 1140-3	无	无
	废水处理系统	部分要求 TSG 21	部分参数 GB 150.1~150.4 JB/T 20189	部分参数 RB/T 199	部分要求 ASME Ⅷ-Ⅰ Directive 2014/68/EC AD 2000	无	无	无	无
	消毒装置		GB 27955 GB/T 32309 YY/T 0679 GB 28931	部分参数 RB/T 199	无	EN 14180	无	无	无
	动物残体处理系统	部分要求 TSG 21	部分参数 GB 150.1~150.4	GB 16548 RB/T 199	部分要求 ASME Ⅷ-Ⅰ Directive 2014/68/EC AD 2000	无	无	无	无
实验室围护结构密封/气密防护装置	气密门	无	无	部分参数 RB/T 199	无	无	无	无	无
	气密传递窗	无	JG/T 382	无	无	无	ISO14644-7	无	无
实验室通风空调系统设备	高效空气过滤装置	GB 19489	JG/T 497	无	无	无	ISO 10648-2 ASME N510 ASME N509	无	无
	生物型密闭阀	无	无	NB/T 20039.2	无	无	无	无	ASME-N510 ASME-N509 ASME AG-1DA DIN 25496 DIN 3230

第四章

高等级生物安全实验室设备相关专利

第一节　高等级生物安全实验室设备专利现状

专利作为技术信息最有效的载体,受到法律保护,有很重要的占领和保护市场的作用,是目前在科学技术研发领域最为迅速、应用广泛的成果发布方式。根据世界知识产权组织(World Intellectual Property Organization,WIPO)统计发现,专利文献包含了90%~95%的世界科学技术信息,相比一般技术刊物所提供的信息早5~6年,而且全世界发明创造大多首先发布在专利文献上。专利作为世界上最大的技术信息源,对专利文献发布的研究成果的有效运用,不仅可以提高科研项目的研究起点和水平,还可有效缩短研发时间,节省研发费用。专利具有新颖性、创造性、实用性、排他性、区域性、时间性和适度揭露性等特点,专利在一定程度上反映了相关技术领域的进步情况和创新能力,是衡量国家在该领域先进程度的重要指标之一。专利文献技术产业化是国家在该领域快速布局发展的重要途径,加快专利技术产业化发展对经济社会发展具有重要作用,是各国、各地区追求的重要目标。

通过利用专利数据库分别对高等级生物安全实验室的关键设施设备进行系统性专利检索和分析,能够明晰相关设备在生物安全领域的专利布局,了解相关技术发展情况、发展重点和相关企业信息等,为我国高等级生物安全实验室设备的建设规划和发展提供情报线索和信息支撑。

针对高等级生物安全实验室设备相关专利展开系统性检索,尚未检索到国外机构或个人的相关文献。国内章欣博士论文《生物安全四级实验室建设关键问题及发展策略研究》中利用德温特专利数据库(Derwent World Patent Index,DWPI)对高效过滤装置、化学淋浴装置、正压防护服、生命支持系统、生物安全柜、气密门进行初步的专利分析,明晰了相关设备技术领域的专利布局、技术发展动态、研发重点,及目前国际上的技术先进程度和产品覆盖率较为广泛的研发生产公司等。

通过对高等级生物安全实验室设备领域调研发现,在相关专利技术方面具有一定量的积累,在相关领域方面我国专利技术具备一定的研发能力,但由于国内相关设备研发起步晚,缺乏市场信息导向,缺乏对关键技术的追踪和对关键技术的把握,以及对新技术前瞻性的发现,乃至于缺少技术发展的科学布局与系统规划,导致国内产品与进口产品仍存在较大差距。

第二节　高等级生物安全实验室设备专利分析方法

　　高等级生物安全实验室设备国内外相关专利分析数据均来源于 Innography 系统。Innography 作为一款由 ProQuest Dialog 公司开发的专利分析软件,是专利价值判断与分析的利器。这是近年来备受瞩目的一款知识产权工具,其数据源包括全球超过 100 个国家和地区的专利数据 8 000 多万件、美国专利诉讼信息、美国专利无效复审信息、美国商标数据、组织机构商业数据等。其独特的专利强度指标可以用于挖掘核心专利,同时还拥有若干可视化专利分析图表,如专利申请人气泡图、国际专利分类(International Patent Classification,IPC)热力图、世界地图、文本聚类环形图等,有助于进行深度专利分析。该系统具有丰富的数据模块,可以查询和获取 90 多个国家的同族专利、法律状态及专利原文,除此之外还包含来自美国联邦法院电子备案系统(Public Access to Court Electronic Records,PACER)的全部专利诉讼数据,以及来自邓白氏及美国证券交易委员会的专利权人财务数据。Innography 独有的专利强度指标可以帮助用户迅速地从海量的专利数据中筛选出核心专利,是专利文献分析利用的前沿方法。Innography 创新的专利气泡图、专利聚类分析等可帮助分析和对比专利权人的综合实力,了解技术差距、市场竞争现状和发展方向。

　　利用 Innography 专利检索功能,开展高等级生物安全实验室设备国内外相关专利分析方法如下。

　　首先,确定高等级生物安全实验室设备的关键词。主要根据相关文献和主要制造商的官方网页名称确定英文关键词,同时在国家知识产权局 http://www. pss-system. cnipa. gov. cn 和 SOOPAT 专利检索 http://www2. soopat. com/Home/IIndex 摘要、声明和题目中检索中文关键词,根据检索获得的相关专利再次确认英文关键词。

　　其次,利用在国家知识产权局和 SOOPAT 等开放网站上的检索结果,确定相关专利的 IPC。

　　再次,选用相应的生物安全设备及其家族技术作为关键词,用主题词和 IPC 组合限定的检索方法检索,设定检索式,必要时可采用专利强度指标挖掘核心专利。IPC 的限定能够在一定程度上剔除相关度小的专利,实现专利的进一步筛选。

　　利用 Innography 专利检索功能,结合每个高等级生物安全实验室设备相应的检索式,进行检索分析,获得全球相关专利年度申请趋势、技术应用国、技术来源国、专利权人、IPC、主题词,以及我国相关专利年度申请趋势、专利权人和主题词,检索结果以及分析结果通过图表形式表达。

　　最后,将每个高等级生物安全实验室设备的检索和分析结果进行综合性分析和评价。

　　以正压防护头罩为例,利用 Innography 进行高等级生物安全实验室设备国内外相关专利分析。

一、检索式设定

通过在国家知识产权局"专利检索和分析"和 SOOPAT 检索"正压防护头罩",以及在 Innography 中检索"Positive-pressure Biological Protective（Bio-protective）Hood"均检索出 3 项专利,如表 4-1。

表 4-1　正压防护头罩国内外专利检索结果

专利公开号	专利名称	申请人
CN104383649A	正压防护头罩	中国人民解放军军事医学科学院卫生装备研究所
CN204307236U	正压防护头罩	中国人民解放军军事医学科学院卫生装备研究所
CN104383649B	正压防护头罩	中国人民解放军军事医学科学院卫生装备研究所

因此,查询正压防护头罩的另一个英文表达为"Powered Air Purifying Respirator（PAPR）",利用 Innography 专利检索功能,结合正压防护头罩的关键词和相关专利分类,得到以下检索式如下。

@（abstract,claims,title）（（Powered Air Purifying Respirator*））@*（ipc_B01D or ipc_A62B or ipc_A61M or ipc_A42B）

数据检索日期:2018 年 6 月 1 日。

二、专利申请总量和专利有效量

按上述检索式获得检索结果为 929 件,利用 Innography 的专利同族扩增功能检索到专利 1 426 件。分别对专利申请量、授权量、有效专利量和审查中的专利数量进行统计,全球专利数据统计结果,如表 4-2。截至检索日,已公开的专利申请一共 1 026 件,已经获得授权专利 472 件,目前还处于有效状态的 305 件。可以看出,正压防护头罩全球专利申请虽然较多,但授权量很少,授权比例较低为 46.00%,有效专利在授权专利中达 64.62%。

表 4-2　正压防护头罩全球专利数据统计

专利申请量	专利授权量	授权比例	专利有效量	有效比例
1 026	472	46.00%	305	64.62%

三、专利申请年度变化趋势

对全球 1 026 件正压防护头罩的申请专利进行申请年度趋势分析,如图 4-1。可以看到,正压防护头罩的专利申请在 2014 年以前总体趋势是增加,其最高峰出现在 2014 年,推测与 2014 年西非埃博拉病毒病疫情的发生相关。数值在 2017 年回调,可能是因为专利公开的滞后性,造成申请的专利还有一部分尚未公开,因此统计数量明显减少。

四、技术应用国分析

对 1 026 件专利的申请国家进行统计,专利申请的国家分布,可以在一定程度上反映出

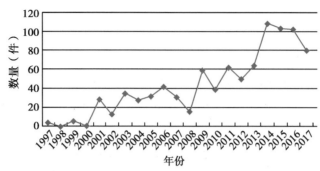

图 4-1 正压防护头罩专利申请年度趋势

技术的应用地域。正压防护头罩的相关研究地域非常广泛,由表 4-3 可知,我国近些年对该领域的研究支持力度增大,专利数量逐步增多,达 368 件;其次生命科学仪器强国美国的专利申请总量为 131 件;英国、德国、法国、日本、意大利和瑞典等专利申请也处于全球领先地位,数量均在 60 件以上。

表 4-3 正压防护头罩技术应用国专利分布(排名前 10 位)

序号	技术应用国	专利申请数量
1	中国	368
2	美国	131
3	英国	78
4	德国	76
5	法国	67
6	日本	63
7	意大利	61
8	瑞典	60
9	澳大利亚	57
10	比利时	56

五、技术来源国

利用分析专利技术的发源地区,有助于对各地区的重要发明人或者专利权人进行有目的性的预警跟踪。通过对 1 026 件专利的发明人国别(inventor location)统计申请专利的技术来源国,如表 4-4。从表中可见,生命科学仪器强国美国的专利申请总量为 419 件,居各国之首;其次是中国,专利申请数量分别为 319 件,英国和德国专利申请也处于全球领先地位,专利申请数量分别为 91 件和 34 件。因此可看出美国在该研究领域占有绝对的优势地位,具有强大的研发实力,是主要的技术输出国。

表 4-4 正压防护头罩技术来源国分布(排名前 10 位)

序号	技术来源国	专利申请数量
1	美国	419
2	中国	319

序号	技术来源国	专利申请数量
3	英国	91
4	德国	34
5	瑞典	26
6	韩国	25
7	澳大利亚	24
8	以色列	14
9	日本	12
10	印度	12

六、主要专利权人

对已授权的 472 件专利排名前 10 位的专利权人进行统计可以看出,该领域的专利权人以世界知名的跨国生物医药集团公司为主,3M 公司在正压防护头罩相关专利拥有比例方面以 54.1% 占有绝对优势,如图 4-2。

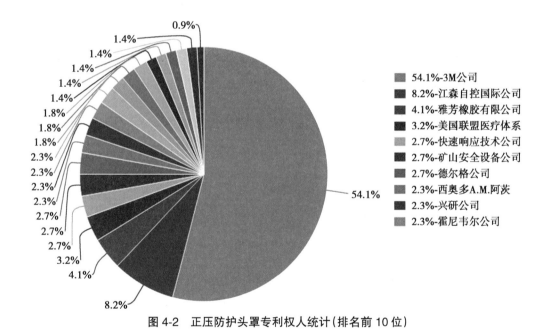

图 4-2　正压防护头罩专利权人统计(排名前 10 位)

七、申请人竞争力分析

对 1 026 件专利进行专利权申请人的竞争力分析,得到气泡图(图 4-3)。气泡图可以直观反映不同专利权人的技术水平与差距。其中,不同颜色的气泡表示不同的专利权人,气泡的大小表示专利数量的多少;横坐标为技术综合指标,与专利比重、专利类别、专利被引情况等密切相关,横坐标越大,表明专利权人的技术实力越强;纵坐标为综合实力指标,与专利权人的收入、专利的国家分布、专利涉案情况等有关,纵坐标越大,表明专利权人的综合实力越强。图 4-3 展示了领域内专利量排名前 10 位的专利权人竞争力情况,可以看到,在正压防护头罩的相关技术领域内,占据技术领先地位的都是美国的生物医药公司,也印证了美国技术输出大国的地位。

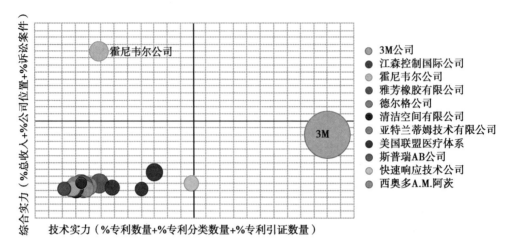

图 4-3　正压防护头罩专利申请人竞争力分析

该领域内技术实力最强的是 3M 公司,该公司的气泡为最大的且位于气泡图右侧最靠前位置,说明该公司在正压防护头罩相关技术领域的研究水平高于其他公司,技术实力非常强,专利拥有量最多,且专利引用量很多,研究所涉及的 IPC 分类也很广。

八、专利主要技术领域分布

将 1 026 件申请专利减去同族专利后,得到 401 件专利,对这 401 件专利的 IPC 进行分析,以了解专利申请的技术领域分布从而进行主要技术分布分析,如图 4-4。可以看出,在正压防护头罩相关技术领域内,专利申请主要分布在 A62B 7/00 呼吸装置;A62B 18/00 呼吸面罩或防护帽,如化学药剂或高空使用的;A61M 16/00 以气体处理法影响患者呼吸系统的器械,如口对口呼吸。

图 4-4 是以被分析专利的主 IPC 为基础,图中数据以饼状结构展开,以完整的 IPC 位数进行分类,每个色块代表不同的 IPC 种类,色块越大说明该组的专利量越多。通过表 4-5 中展示的排名前 10 位的 IPC 和其拥有的专利数量,能更直观地了解被分析专利的技术领域分布。

表 4-5　正压防护头罩专利主要技术分布(排名前 10 位)

分类号	中文含义	专利数量
A62B 7/00	呼吸装置	158
A62B 18/00	呼吸面具或防护帽,如化学药剂或高空使用的	42
A61M 16/00	以气体处理法影响患者呼吸系统的器械,如口对口呼吸、气管用插管	39
A62B 9/00	呼吸保护装置或呼吸装置的构件	27
A41D 13/00	职业、工业或运动防护衣,如外科医生的长袍或服装	12
A62B 23/00	用于呼吸防护的过滤器	10

续表

分类号	中文含义	专利数量
B01D 46/00	专门用于把弥散粒子从气体或蒸汽中分离出来的经过改进的过滤器和过滤方法	10
F24F 1/00	空气调节用房间单元,如分体式或一体式装置,或接收来自集中式空调站空气的装置	8
A61L 9/00	空气的消毒、灭菌或除臭	7
B01D 39/00	用于液态或气态流体的过滤材料	7

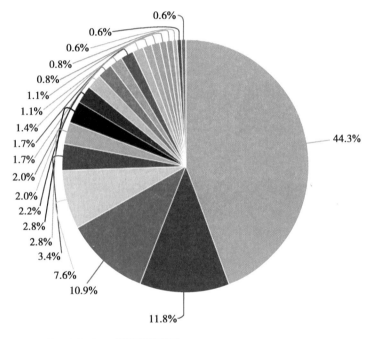

- ■ 44.3%-A62B 7/00：呼吸保护装置
- ■ 11.8%-A62B 18/00：呼吸面具或防护帽,如化学药剂或高空使用的
- ■ 10.9%-A61M 16/00：以气体处理法影响患者呼吸系统的器械
- ▨ 7.6%-A62B 9/00：呼吸保护装置或呼吸装置的构件
- ■ 3.4%-A41D 13/00：职业、工业或运动防护衣
- ▨ 2.8%-A62B 23/00：保护呼吸用的过滤器
- ■ 2.8%-B01D 46/00：专门用于把弥散粒子从气体或蒸汽中分离出来的经过改进的过滤器和过滤方法
- ■ 2.2%-F24F 1/00：房间空调装置
- ▨ 2.0%-A61L 9/00：空气的消毒、灭菌或除臭
- ■ 2.0%-B01D 39/00：用于液态或气态流体的过滤材料
- ▨ 1.7%-A61M 15/00：头罩
- ■ 1.7%-B01D 50/00：用于从气体或蒸汽中分离粒子的组合器械
- ▨ 1.4%-B01D 53/00：气体或蒸汽的分离
- ▨ 1.1%-A61M 11/00：专门适用于治疗目的喷雾器或雾化器
- ■ 1.1%-B01D 47/00：用液体作为分离剂从气体、空气或蒸汽中分离弥散的粒子
- ▨ 0.8%-A62B 17/00：隔热或防有害化学药剂或高空使用的保护衣
- ▨ 0.8%-A42B 3/00：头盔、盔盖
- ▨ 0.6%-A61M 1/00：医用吸引或汲送器械
- ■ 0.6%-F01N 3/00：排气或消音装置,它具有净化的、使变为无毒的或其他的排气处理装置
- ■ 0.6%-E21F 11/00：救护装置或其他安全装置

图 4-4　正压防护头罩专利技术领域分布图

九、主题词分析

Innography 可以从专利的标题、摘要或标题、摘要和要求中自动提取专利中的重要关键词、主题词,依据提取到的主题词对专利进行聚类分析。需要注意的是,主题词并不能代表专利研发人员的核心技术,它只是系统依据专利中出现该词数量的多少而进行的划分,因此只可以代表不同的研究关注领域。

将 1 026 件申请专利减去同族专利后,得到 401 件专利,利用 Innography 的 TextClustering 功能进行分析。将 401 件专利按主题词进行划分,可以看出,正压防护头罩相关专利主要出现 Air Purification(空气净化)、Air Inlet(进气口)、Main Body(主体)、Air Pump(气泵)、Filter Screen(滤网)、Filter Layer(过滤层)等关键词,如图 4-5。

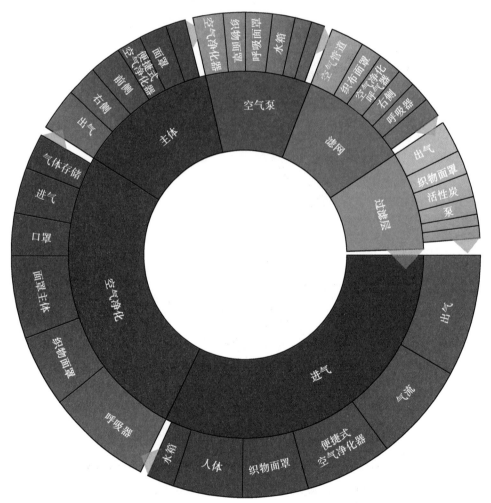

图 4-5 正压防护头罩主题词分析

第三节 高等级生物安全实验室设备专利检索结果分析

在进行相关设备和技术专利检索时,通过关键词的反复查询和确认,以及相关 IPC 的限定,尽可能限定在高等级生物安全实验室领域,使检索更加精确。但是,在实际检索时仍存在检索词和 IPC 限定不够,导致检索结果范围放宽,因此,其中少部分专利文献可能涉及该设备和技术在其他领域的应用,但并不影响专利分析的主要结论。此外,由于专利从提交申请到公开有 18 个月的时间延迟,相关专利数量不能反映出当年的真实专利情况,因此检索数据仅作参考。表 4-6 为 25 种高等级生物安全实验室设备中每一项的检索关键词和检索时间;表 4-7 为检索结果和图表分析结果。

表 4-6 高等级生物安全实验室设备国内外相关专利检索式设定

设备类别	设备名称	检索词设定	检索时间
个人防护及技术保障装备	1. 生物防护口罩	@(abstract,claims,title)((respirator)and(biological protective or "bio-Protective"))@*(ipc_A41D or ipc_A62B or ipc_D04H)	2018.5.29
	2. 一次性防护服	@(abstract,claims,title)((disposable protective suit*)or(disposable protective coverall*))@*(ipc_A41D or ipc_B32B or ipc_A62B or ipc_D01F or ipc_D06M or ipc_D01D or ipc_D04H)	2018.5.31
	3. 正压防护头罩	@(abstract,claims,title)((powered air purifying respirator*))@*(ipc_B01Dor ipc_A62B or ipc_A61M or ipc_A42B)	2018.6.1
	4. 正压防护服	@(abstract,claims,title)((suit*or "coveralls")and(protective or "bio-protective" or "biological protective" or "biological")and("positive pressure" or "air fed pressurized" or "powered air purifying"))@*(ipc_A41D or ipc_B32B or ipc_A61L or ipc_A62B or ipc_G01N)	2018.7.2
	5. 人员防护装备佩戴密合度测定仪	@(abstract,claims,title)((personal protective equipment respirator)and("fit tester"))	2018.6.1
	6. 实验室生命支持系统	@(abstract,claims,title)((life support system)and("laboratory"))@*(ipc_A01K or ipc_Y02A or ipc_F17C or ipc_F17D or ipc_B01D or ipc_A62B or ipc_F24F)	2018.5.23
	7. 化学淋浴设备	@(abstract,claims,title)((shower system)and(chemical or "emergency"))@*(ipc_A61H or ipc_A61L or ipc_F16K)	2018.5.23

续表

设备类别	设备名称	检索词设定	检索时间
实验室一级防护装备	1. 生物安全柜	@（abstract, claims, title）((cabinet*or "cabinetry") and (biosafety or "biological safety" or biological)) @*(ipc_B01 or ipc_B08 or ipc_B25 or ipc_A01N or ipc_A61 or ipc_C12 or ipc_G01 or ipc_G05 or ipc_F24F or ipc_F21 or ipc_A47)	2018.2.2
	2. 动物负压解剖台	@（abstract, claims, title）((small animal negativepressure autopsy table) or (small animal negativepressure dissection table) or (Negative-pressure experimental animal dissection table))	2018.6.4
	3. 换笼工作台	@（abstract, claims, title）((Animal cage changing station))	2018.6.4
	4. 动物垫料处置柜	@（abstract, claims, title）(animal bedding disposal station) or (bedding disposal animal containment workstation*) @*(ipc_B65F)	22018.6.5
	5. 动物隔离器	@（abstract, claims, title）(animal isolator) @*(ipc_A01K or ipc_B01Doripc_A61D or ipc_F16J or ipc_E06B)	2018.6.6
消毒灭菌与废弃物处理设备	1. 压力蒸汽灭菌器	@（abstract, claims, title）((steam sterilizer*or "sterilizer") and (pressure vessel or "pressure")) @*(ipc_A61L or ipc_B08B)	2018.5.17
	2. 废水处理系统	@（abstract, claims, title）((effluent decontamination systems)) @*(ipc_C02F)	2018.6.7
	3. 过氧化氢消毒装置	@（abstract, claims, title）((vaporized hydrogen peroxide) and (sterilization or "sterilization system*" or "decontamination system" or "bio-decontamination")) @*(ipc_A61L)	2018.6.8
	4. 动物残体处理系统	@（abstract, claims, title）(("tissue digester system")) @*(ipc_B09B)	2018.6.11
实验室围护结构密封/气密防护装置	1.1. 实验室气密门	@（abstract, claims, title）((airtight door or "seal door") and (laboratory or lab)) @*(ipc_E06B)	2018.5.21
	1.2. 通用气密门	@（abstract, claims, title）((airtight door or "seal door")) @*(ipc_E06B)	
	2.1. 生物安全实验室管线穿墙密封装置	@（abstract, claims, title）((pipe or wire passing through wall sealing equipment) and (biology laboratory or "biology lab")) @*(ipc_H02G or ipc_H02B or ipc_F16L or ipc_H01B or ipc_E04B or ipc_B03C or ipc_H01M or ipc_H01R or ipc_E04F or ipc_H01H)	2018.7.3
	2.2. 通用管线穿墙密封装置	@（abstract, claims, title）((pipe or wire passing through wall sealing equipment)) @*(ipc_H02G or ipc_H02B or ipc_F16L or ipc_H01B or ipc_E04B or ipc_B03C or ipc_H01M or ipc_H01R or ipc_E04F or ipc_H01H)	

设备类别	设备名称	检索词设定	检索时间
实验室围护结构密封/气密防护装置	3. 气(汽)体消毒物料传递舱	@(abstract,claims,title)((disinfection or sanitization or "gas disinfection" or "vapor disinfection" or "gas sanitization" or "vapor sanitization")and(transfer hatches*))@*(ipc_A61L) @(abstract,claims,title)((disinfection or sanitization)and(transfer hatches*))@*(ipc_A61L) @(abstract,claims,title)(disinfection transfer hatches or "sanitizatio ntransferhatches")　@*(ipc_A61L)	2018.7.11
	4. 气密传递窗	@(abstract,claims,title)(("airtight pass-through box" or "airtight pass box" or "pass box" or "pass-through box"))@*(ipc_E06B)	2018.7.12
	5. 双门传递筒	@(abstract,claims,title)((DPTE or "double port transfer exchange")and("container" or "transfer system"))	2018.7.12
	6. 液槽	@(abstract,claims,title)(("liquid sealed pass box"))	2018.7.12
实验室通风空调系统设备	1.1. 生物安全型高效空气过滤装置	@(abstract,claims,title)(("HEPA housing" or "HEPA containment" or "high efficiency filtration units" or "HEPA filtration device" or "high efficiency particulate air filter housing" or "High efficiency particulate air filter containment")and("Bio-safety" or "biological safety"))@*(ipc_B01D or ipc_F24F)	2018.11.18
	1.2. 高效空气过滤装置	@(abstract,claims,title)("high efficiency filtration units" or "HEPA housing" or "HEPA containment" or "HEPA filtration device" or "high efficiency particulate air filter housing" or "high efficiency particulate air filter containment")@*(ipc_B01D or ipc_F24F)	
	1.3. 通用高效空气过滤器	@(abstract,claims,title)((HEPA* or "high efficiency particulate air Filter"))@*(ipc_B01D or ipc_F24F)	2018.5.18
	2. 风量控制阀	@(abstract,claims,title)((volume control damper))@*(ipc_F24F or ipc_F16K)	2018.7.16
	3.1. 生物安全型密闭阀	@(abstract,claims,title)((damper or valve)and("air tight" or "bubble tight")and(bio-safety))@*(ipc_F24F or ipc_F16K)	2018.7.17
	3.2. 通用气密阀	@(abstract,claims,title)((damper or valve)and("air tight" or "bubble tight"))@*(ipc_F24F or ipc_F16K)	

表4-7　高等级生物安全实验室设备国内外相关专利分析结果

| 设备类别 | 设备名称 | 全球相关专利情况 | | | | 我国相关专利情况 | | |
		全球申请总量	技术应用国	技术来源国	专利权人	主要技术领域分布	主题词	我国专利申请量	专利权人	主题词
个人防护及技术保障设备	1. 生物防护口罩	203	美国,中国,德国,英国,加拿大	美国,意大利,德国,英国,西班牙	德国Bluecher GmbH公司等	A41D 13/00 A62B 18/00	呼吸保护、保护层、口罩、过滤材料等	13	—	—
	2. 一次性防护服	2518	美国,英国,德国,法国,日本	美国,德国,英国,日本,瑞士	美国宝洁公司(The Procter & Gamble Company),美国金佰利公司(Kimberly-Clark),美国3M公司(3M Company)等	A41D 13/00	防护服、胶黏层、非织造布、树脂层等	57	江阴金凤无纺布有限公司等	防护服、内层、人体等
	3. 正压防护头罩	1026	中国,美国,英国,德国,法国	美国,中国,英国,德国,瑞典	美国3M公司等	A62B 7/00 A62B 18/00 A61M 16/00	空气净化、进气口、主体、气网	319	海南卫康制药(潜山)有限公司等	进气口、面罩体、空气出口和气泵等
	4. 正压防护服	140	美国,英国,中国,法国,日本	美国,英国,中国,法国,日本	美国霍尼韦尔国际公司(Honeywell International Inc.),美国陶氏杜邦公司(DowDuPont Inc)等	A62B 17/00 A41D 13/00	正压、套装、防护服、呼吸防护等	14	—	—
	5. 人员防护装备佩戴密合度测定仪	1	—	—	—	—	—	—	—	—

续表

设备类别	设备名称	全球相关专利情况							我国相关专利情况		
		全球申请总量	技术应用国	技术来源国	专利权人	主要技术领域分布	主题词	我国专利申请量	专利权人	主题词
个人防护及技术保障设备	6. 实验室生命支持系统	4	—	—	—	—	—	—	—	—
	7. 化学淋浴设备	476	美国、中国、日本、法国、德国	美国、瑞士、中国、法国、日本	瑞士芬美意国际有限公司 (Firmenich International S.A.)、法国 V Mane Fils 公司等	A61L2/00 A61H33/00	消毒、喷头、热水、淋浴喷头等	49	东华大学等	污染、消毒、热水、人体等
实验室二级防护装备	1. 生物安全柜	3096	中国、美国、法国、日本、德国	中国、美国、德国、法国、日本	瑞士诺华制药公司 (Novartis AG)、法国赛诺菲公司 (Sanofi SA)等	B01L1/00 C12M1/00	柜体、生物安全、生物安全柜、进风、高效过滤等	1390	上海力申科学仪器有限公司、海尔集团和济南鑫贝西生物技术有限公司等	柜体、安全柜、高效和生物安全柜等
	2. 动物负压解剖台	11	—	—	—	—	—	—	—	—
	3. 换笼工作台	10	—	—	—	—	—	—	—	—
	4. 动物垫料处置柜	2	—	—	—	—	—	—	—	—
	5. 动物隔离器	317	美国、中国、日本、法国、加拿大	美国、德国、中国、韩国、新西兰	美国 Inguran LLC 公司、美国 Xy LLC 公司等	A01K67/00 C12N15/00	育种、胚胎、动物疾病等	58	—	—

续表

设备类别	设备名称	全球相关专利情况					我国相关专利情况		
		全球申请总量	技术应用国	技术来源国	专利权人	主要技术领域分布	主题词	我国专利申请量	专利权人	主题词
消毒灭菌与废物处理装备	1. 压力蒸汽灭菌器	7644	中国、日本、美国、德国、英国	美国、中国、日本、德国、英国	美国强生公司（Johnson & Johnson）、美国斯特里斯公司（Steris Corporation）等	A61L 11/00	灭菌方法、蒸汽发生器、灭菌腔体、高温、水罐、灭菌罐等	1659	山东新华医疗器械股份有限公司等	灭菌腔体、水罐和灭菌罐、高温、蒸汽发生等
	2. 废水处理系统	615	中国、美国、法国、德国、英国	美国、中国、瑞士、加拿大、法国	瑞士诺华制药公司（Novartis AG）、美国陶氏杜邦公司（DowDuPont Inc）、美国赛默飞世尔科技公司（Thermo Fisher Scientific Inc.）等	C02F 9/00 C02F 1/00 C02F 3/00	污水处理、污染物、出水口、废水等	87	波鹰（厦门）科技有限公司等	废水、水口、生物反应罐等
	3. 过氧化氢消毒装置	2926	美国、日本、德国、中国、法国	美国、德国、日本、中国、韩国	美国强生公司（Johnson & Johnson）、美国斯特里斯公司（Steris Corporation）等	A61L 2/00	灭菌工艺、灭菌室、消毒、灭菌剂和去污等	115	上海东富龙科技有限公司、威海威高海盛医用设备有限公司、上海严复制药系统工程有限公司等	过氧化氢、消毒室、真空泵、消毒进气等
	4. 动物残体处理系统	15	—	—	—	—	—	—	—	—

续表

设备类别	设备名称	全球相关专利情况					我国相关专利情况			
		全球申请总量	技术应用国	技术来源国	专利权人	主要技术领域分布	主题词	我国专利申请量	专利权人	主题词
实验室围护结构密封/气密防护装置	1.1. 实验室气密门	19	—	—	—	—	—	—	—	—
	1.2. 通用气密门	3363	日本、中国韩国、美国、德国	日本、中国、韩国、美国、法国	日本YKK株式会社(YKK Corporation)、瑞典阿萨—阿布洛伊公司(AssaAbloy AB)等	E06B 3/00 E06B 7/00 E06B 5/00	气密门、门体、门叶、推拉门等	1045	天长市远洋船舶设备有限公司、解放军理工大学等	气密门、门扇、密封圈等
	2.1. 生物安全实验室管线穿墙密封装置	0	—	—	—	—	—	—	—	—
	2.2. 通用管线穿墙密封装置	9515	中国、美国、日本、法国、德国	中国、美国、日本、德国、法国	中国国家电网有限公司(State Grid Corporation Of China)、瑞士泰科电子有限公司(TE Connectivity Ltd.)等	H01R13/00 H02B 1/00 F16L 55/00	墙内、管道、箱体、主体等	5233	中国国家电网有限公司、中民筑友有限公司等	墙内、主体、箱体、管道等
	3. 气(汽)体消毒物料传递舱	11	—	—	—				—	—
	4. 气密传递窗	49	—	—	—				—	—
	5. 双门传递筒	0	—	—	瑞典洁定公司(Getinge)等				—	—
	6. 液槽	4	—	—	—				—	—

续表

设备类别	设备名称	全球相关专利情况						我国相关专利情况		
		全球申请总量	技术应用国	技术来源国	专利权人	主要技术领域分布	主题词	我国专利申请量	专利权人	主题词
	1.1. 生物安全型高效空气过滤装置	—						—	—	—
	1.2. 高效空气过滤装置	9						—	—	—
	1.3. 通用高效空气过滤器	10896	中国、美国、日本、德国、英国	—	美国百特国际有限公司(Baxter International Inc.)等	F24F1/00, B01D46/00	活性炭、滤网、过滤层、空气、新鲜空气流等	4858	美的集团股份有限公司,太仓市大友空调设备有限公司等	活性炭、滤网、过滤层、新鲜空气等
实验室通风空调系统设备	2. 风量控制阀	3014	日本、美国、英国、德国	美国、日本、德国、韩国、中国	美国联合技术公司(United Technologies Corporation)等	F24F11/00, F24F3/00, F24F7/00, F24F13/00	空气流量、出风口、热交换器、回风、风量	209	西安工程大学,珠海格力集团有限公司等	调节阀、阀体、空气质量等
	3.1. 生物安全型密闭阀	0	—	—	—	—	—	—	—	—
	3.2. 通用密闭阀	3361	中国、日本、美国、英国、德国	日本、中国、美国、德国、韩国	日本SMC公司(SMC Corporation)、瑞士徽拓公司(VAT Holding AG)等	F16K31/00, F16K15/00, F16K1/00	进气口、阀杆、阀座、阀芯、密封性、气密、密封圈等	589	北京谊安医疗系统股份有限公司,江苏杰尔科技股份有限公司等	进气口、阀座、阀板、阀杆、阀芯和密封圈等

一、高等级生物安全实验室设备专利申请情况

从全球专利申请数量来看,高等级生物安全实验室设备专利全球申请情况如下(数据检索日期:2018年6月1日)。

1. 压力蒸汽灭菌器专利全球申请总量为7 644件,生物安全柜专利全球申请总量为3 096件,风量控制阀专利全球申请总量为3 014件,过氧化氢消毒装置专利全球申请总量为2 926件,一次性防护服专利全球申请总量为2 518件,正压防护头罩专利全球申请总量为1 026件,此六种设备和技术的专利申请数量较多。

2. 废水处理系统专利全球申请总量为615件,化学淋浴设备专利全球申请总量为476件,动物隔离器专利全球申请总量为317件,生物防护口罩专利全球申请总量为203件,正压防护服专利全球申请总量为140件,该五种设备和技术的专利申请数量较少。

3. 实验室气密门、生物安全实验室管线穿墙装置、生物安全型高效空气过滤装置、生物型密闭阀等检索结果很少,但是通用气密门专利全球申请数量为3 363件、管线穿墙密封设备专利全球申请数量为9 515件、高效空气过滤器专利全球申请总量为10 896件、气密阀专利全球申请总量为3 361件,说明这些领域有丰富的技术储备。

4. 一些用于高等级生物安全实验室的设备,相关专利不足或在申请中,存在很大的发展空间。如人员防护装备佩戴密合度测定仪、实验室生命支持系统、动物负压解剖台、换笼工作台、动物垫料处置柜、动物残体处理系统、气(汽)体消毒物料传递舱、气密传递窗、双门传递筒、液槽等。

近些年来,我国在实验室生物安全设备领域自主知识产权方面取得了长足的进步。在2007年以前,我国实验室生物安全设备领域发展缓慢,与全球发展有较大差距;从2008年开始,我国实验室生物安全设备专利申请数量逐年增加,发展趋势与全球发展趋势越来越趋近,说明我国在实验室生物安全设备领域得到了迅猛的发展,如图4-6。当然,2017年全球和我国申请专利减少,可能是由于专利公开的滞后性,造成申请的专利还有一部分尚未公开,因此统计数量存在一定的差异。

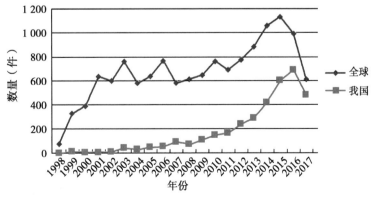

图4-6　全球和我国实验室生物安全设备专利年度申请趋势

从表4-7来看,我国的专利申请件中,正压防护头罩319件、生物安全柜1 390件、压力蒸汽灭菌器1 659件,均在专利申请数量上占据优势,说明我国在这些领域取得了长足的进步,但是专利质量和技术优势方面还与国际先进水平存在一定的差距,产业化水平亟待提升。

从专利申请趋势来看,正压防护头罩、生物安全柜、压力蒸汽灭菌器全球专利年度申请整体趋势呈现逐年上升,2017年由于专利滞后性略有下降;我国正压防护头罩、生物安全柜、压力蒸汽灭菌器专利申请趋势同全球趋势一致。生物防护口罩和一次性防护服全球专利申请有三次高峰,推测与SARS、禽流感和埃博拉病毒病等相关疫情相关;我国一次性防护服年度申请趋势也呈现类似的趋势。

二、高等级生物安全实验室设备技术优势国家情况

从技术应用国和技术来源国方面分析高等级生物安全实验室设备的专利情况可以看出,正压防护头罩的技术应用国主要为中国、美国、英国、德国、法国,技术主要来源于美国、中国、英国、德国、瑞典;生物安全柜的技术应用国主要为中国、美国、法国、日本、德国,技术主要来源于该五个国家;压力蒸汽灭菌器的技术应用国主要为中国、日本、美国、德国、英国,技术主要来源于美国、中国、日本、德国、英国;废水处理系统的技术应用国主要为中国、美国、法国、德国、英国,技术主要来源于美国、中国、瑞士、加拿大、法国。正压防护头罩、生物安全柜、压力蒸汽灭菌器和废水处理系统,中国也是主要的技术应用国,可见我国在相关领域都有深入的研究,如图4-7。同时,在生物安全柜领域我国具有绝对的优势,是主要的技术输出国,如图4-8。

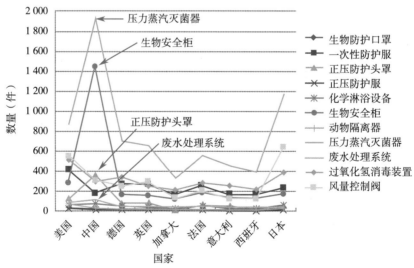

图4-7　实验室生物安全设备技术应用国分析

生物防护口罩的技术应用国主要为美国、中国、德国、英国、加拿大,技术主要来源于欧美国家,包括美国、意大利、德国、英国、西班牙;一次性防护服的技术应用国主要为美国、英

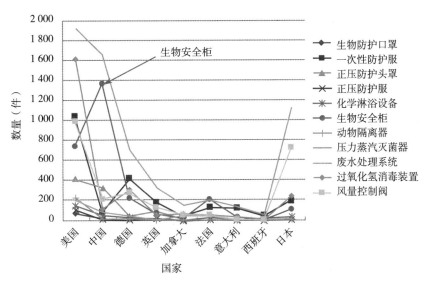

图 4-8 实验室生物安全设备技术来源国分析

国、德国、法国、日本,技术主要来源于美国、德国、日本、英国、瑞士;正压防护服的技术应用国主要为美国、英国、中国、法国、日本,技术主要来源于美国、英国、中国、法国、日本;化学淋浴设备的技术应用国主要为美国、中国、日本、法国、德国,技术主要来源于美国、瑞士、中国、法国、日本;动物隔离器的技术应用国主要为美国、中国、日本、法国、加拿大,技术主要来源于美国、德国、中国、韩国、新西兰;过氧化氢消毒装置的技术应用国主要为美国、日本、德国、中国、法国,技术主要来源于美国、德国、日本、中国、韩国;风量控制阀的技术应用国主要为日本、美国、中国、英国、德国,技术主要来源于美国、日本、德国、韩国、中国。从以上可以看出,生物防护口罩、一次性防护服、正压防护服、化学淋浴设备、动物隔离器、过氧化氢消毒装置、风量控制阀等,技术应用国和技术来源国美国均占据主要地位,是主要的技术输出国。

三、高等级生物安全实验室设备主要专利权人情况

由于专利更加注重专利权的归属,因此高等级生物安全实验室设备国内外专利情况也从专利权人的角度进行了分析。

1. 个人防护及技术保障装备领域 生物防护口罩的专利权人以世界知名跨国公司为主,主要为德国 Bluecher GmbH、美国镜泰公司(Gentex Corporation)、法国卓达宇航集团(Zodiac Aerospace S.A)等。一次性防护服的专利权人主要为美国宝洁公司(The Procter & Gamble Company)、美国金佰利公司(Kimberly-Clark)、美国 3M 公司(3M Company)、美国陶氏杜邦公司(DowDuPont)等,我国在该领域的主要专利权人为江阴金凤无纺布有限公司等。正压防护头罩的主要专利权人为美国 3M 公司(3M Company),专利数量占 54.10%,占有绝对优势;我国在该领域的主要专利权人为海南卫康制药(潜山)有限公司等。正压防护服的主要专利权人为美国霍尼韦尔国际公司(Honeywell International Inc.)和美国陶氏杜邦公司(DowDuPontInc)等。化学淋浴设备的主要专利权人为瑞士芬美意国际有限公司(Firmenich

International S.A.)和法国 V Mane Fils 公司等,我国在该领域的主要专利权人为东华大学等。

2. 实验室一级防护装备领域 生物安全柜的主要专利权人为瑞士诺华制药公司（Novartis AG）、法国赛诺菲公司（Sanofi SA）和美国 XylecoInc 等世界知名医药公司,我国在该领域的专利权人主要为上海力申科学设备有限公司、海尔集团公司等。动物隔离器相关技术领域的专利权人主要为美国 Inguran LLC 公司和美国 Xy LLC 公司等。

3. 消毒灭菌与废弃物处理设备领域 压力蒸汽灭菌器相关技术领域的专利权人主要为美国强生公司（Johnson & Johnson）、美国斯特里斯公司（Steris Corporation）等,我国在该领域的专利权人主要为山东新华医疗器械股份有限公司等,且山东新华医疗器械有限公司压力蒸汽灭菌器专利权人在全球排名第八。废水处理系统相关技术领域的专利权人主要为瑞士诺华制药公司（Novartis AG）、美国陶氏杜邦公司（DowDuPont Inc）和美国赛默飞世尔科技公司（Thermo Fisher Scientific Inc.）等,我国在该领域的专利权人主要为波鹰（厦门）科技有限公司等。过氧化氢消毒装置相关技术领域的专利权人主要为美国强生公司（Johnson & Johnson）和美国斯特里斯公司（Steris Corporation）等,我国在该领域的专利权人主要为上海东富龙科技股份有限公司等、上海严复制药系统工程有限公司等。

4. 实验室围护结构密封/气密防护装置领域 通用气密门相关技术领域的专利权人主要为日本 YKK 株式会社（YKK Corporation）和瑞典阿萨—阿布洛伊公司（AssaAbloy AB）等,我国在该领域的专利权人主要为天长市远洋船舶设备有限公司、解放军理工大学等;通用管线穿墙密封设备相关技术领域的专利权人主要为中国国家电网有限公司和瑞士泰科电子有限公司（TE Connectivity Ltd.）,我国在该领域的专利权人主要为国家电网有限公司、中民筑友有限公司等。双门传递筒发明公司瑞典洁定公司（Getinge）的相关专利在申请中。

5. 实验室通风空调系统设备领域 高效空气过滤器相关技术领域的专利权人主要为美国百特国际有限公司（Baxter International Inc.）、韩国 LG 公司（LG Electronics Inc.）、美国唐纳森公司（Donaldson Company,Inc.）和法国赛诺菲公司（Sanofi SA）等,我国在该领域的专利权人主要为美的集团股份有限公司、太仓市大友空调设备有限公司等。风量控制阀相关技术领域的专利权人主要为美国联合技术公司（United Technologies Corporation）、日本三菱电气公司（Mitsubishi Electric Corporation）和德国 Trox GmbH 公司,我国在该领域的专利权人主要为西安工程大学和珠海格力集团有限公司。通用气密阀相关技术领域的专利权人主要为日本 SMC 公司（SMC Corporation）和瑞士徽拓公司（VAT Holding AG）等,我国在该领域的专利权人主要为北京谊安医疗系统股份有限公司、江苏杰尔科技股份有限公司等。

值得注意的是,虽然我国在专利申请方面取得了成绩,但是对申请数量较多可统计的生物安全设备全球前 10 的专利权人和申请人竞争力进行分析发现,我国企业在产业化能力方面和国外企业具有一定的差距。从表 4-8 中可以看出,仅生物安全柜的生产厂商上海力申科学设备有限公司申请数量进入前 10 名,但是该企业的专利权人的综合实力较弱。这充分说明,如何将自主知识产权转化成生产力,树立值得信赖到自有品牌,为生物安全提供强有力的技术保障,是我国迫切需要解决的问题。

表 4-8 生物安全设备专利权人和申请人竞争力分析

种类	前 10 专利权人是否有我国企业（有 / 无）	申请人竞争力分析 Resources（%Revenue +% Locations +%Litigation）
生物防护口罩	无	—
一次性防护服	无	—
正压防护头罩	无	—
正压防护服	无	—
化学淋浴设备	无	—
生物安全柜	上海力申科学设备有限公司(全球排名第九)	=0
动物隔离器	无	—
压力蒸汽灭菌器	无	—
废水处理系统	无	—
过氧化氢消毒装置	无	—

四、高等级生物安全实验室设备主要技术领域分布情况

对专利的主 IPC 进行分析,以了解专利申请的技术领域分布从而进行主要技术分布分析,高等级生物安全实验室设备的主要技术领域分布如下。

1. **个人防护及技术保障装备领域** 生物防护口罩的主要技术领域分布在 A41D 13/00 职业、工业或运动防护衣,如能防护冲击或戳刺的服装、外科医生服装;A62B 18/00 呼吸面具或防护帽,如化学药剂或高空使用的。一次性防护服的主要技术领域分布在 A41D 13/00 职业、工业或运动防护衣,如能防护冲击或戳刺的服装、外科医生服装。正压防护头罩的主要技术领域分布在 A62B 7/00 呼吸保护装置;A62B 18/00 呼吸面具或防护帽,如化学药剂或高空使用的;A61M 16/00 以气体处理法影响患者呼吸系统的器械,如口对口呼吸,气管用插管。正压防护服的主要技术领域分布在 A62B 17/00 隔热或防有害化学药剂或高空使用的保护衣;A41D 13/00 职业、工业或运动防护衣,如能防护冲击或戳刺的服装、外科医生服装。化学淋浴设备的主要技术领域分布在 A61L 2/00 食品或接触透镜以外的材料或物体的灭菌或消毒的方法或装置及其附件;A61H 33/00 专为治疗或保健目的的洗浴装置。

2. **实验室一级防护装备领域** 生物安全柜的主要技术领域分布在 B01L 1/00 通用化学或物理实验室设备的外壳,腔室;C12M 1/00 酶学或微生物学装置。动物隔离器的主要技术领域分布在 A01K 67/00 饲养或养殖其他类不包含的动物;动物新品种;C12N 15/00 突变或遗传工程。

3. **消毒灭菌与废弃物处理装备领域** 压力蒸汽灭菌器的主要技术领域分布在 A61L 11/00,专门适用于废物消毒或灭菌的方法。废水处理系统的主要技术领域分布在 C02F 9/00 水、废水或污水的多级处理;C02F 1/00 水、废水或污水的处理(C02F 3/00 至 C02F 9/00 优先);C02F 3/00 水、废水或污水的生物处理。过氧化氢消毒装置的主要技术领域

分布在 A61L 2/00 食品或接触透镜以外的材料或物体的灭菌或消毒的方法、或装置及其附件。

4. 实验室围护结构密封 / 气密防护装置领域 通用气密门的主要技术领域分布在 E06B 3/00 用于闭合开口的窗扇、门扇或类似构件,固定或活动式闭合器件的布置(例如窗户),用来安装翼扇框的刚性配置的外框;E06B 7/00 与门窗有关的特殊设备或措施;E06B 5/00 特殊用途的门、窗或类似闭合物,其周边结构。管、线穿墙密封设备的主要技术领域分布在 H01R13/00 各种连接装置的零部件;H02B 1/00 框架、盘、板、台、机壳,变电站或开关装置的零部件;F16L 55/00 在管子或管系中使用的及与管子或管系有关的设备及备件。

5. 实验室通风空调系统设备领域 高效空气过滤装置的主要技术领域分布在 F24F1/00 房间空调装置,如分体式或一体式装置,或接收来自集中式空调装置;B01D46/00 专门用于把弥散粒子从气体或蒸汽中分离出来的经过改进的过滤器和过滤方法。风量控制阀的主要技术领域分布在 F24F 空气调节、空气增湿、通风、空气流作为屏蔽的应用。通用气密阀的主要技术领域分布在 F16K 阀、龙头、旋塞、致动浮子、通风或充气装置。

五、高等级生物安全实验室设备主题词分析

1. 个人防护及技术保障设备领域 一次性防护服通过聚类从全球专利提取的主题词包括防护服、胶黏层、非织造布、树脂层等,而我国在该领域更关注防护服、内层、人体等。正压生物防护头罩通过聚类从全球专利提取的主题词包括空气净化、进气口、主体、气泵、滤网,而我国在该领域更关注进气口、面罩体、空气出口和气泵等。化学淋浴设备通过聚类从全球专利提取的主题词包括消毒、喷头、热水、淋浴喷头等,而我国在该领域更关注污染、消毒、热水、人体等。此外,生物防护口罩通过聚类从全球专利提取的主题词包括呼吸保护、保护层、口罩、过滤材料等。正压防护服通过聚类从全球专利提取的主题词包括正压、套装、防护服、呼吸防护等。

2. 实验室一级防护装备领域 生物安全柜通过聚类从全球专利提取的主题词包括柜体、生物安全、生物安全柜、进风、高效过滤等,而我国在该领域更关注柜体、安全柜、高效和生物安全柜等。此外,动物隔离器通过聚类从全球专利提取的主题词包括育种、胚胎、动物疾病等。

3. 消毒灭菌与废弃物处理设备领域 压力蒸汽灭菌器通过聚类从全球专利提取的主题词包括灭菌方法、蒸汽发生器、灭菌腔体、高温、水罐、灭菌罐等,而我国在该领域更关注灭菌腔体、水罐和灭菌罐、高温、蒸汽发生等。废水处理系统通过聚类从全球专利提取的主题词包括污水处理、污染物、出水口、废水等,而我国在该领域更关注废水、水出口、生物反应罐等。过氧化氢消毒装置通过聚类从全球专利提取的主题词包括灭菌工艺、灭菌室、消毒、灭菌剂和去污等,而我国在该领域更关注过氧化氢、消毒室、真空泵、消毒、进气等。

4. 实验室围护结构密封 / 气密防护装置领域 通用气密门通过聚类从全球专利提取的主题词包括气密门、门体、门叶、推拉门等,而我国在该领域更关注气密门、门扇、密封圈等。管、线穿墙密封装置通过聚类从全球专利提取的主题词包括墙内、管道、箱体、主体等,我国

也同样关注墙内、主体、箱体、管道等领域。

　　5. 实验室通风空调系统设备领域　高效空气过滤器通过聚类从全球专利提取的主题词包括活性炭、滤网、过滤层、新鲜空气、气流等,而我国在该领域也同样关注活性炭、滤网、过滤层、新鲜空气等领域。风量控制阀通过聚类从全球专利提取的主题词包括空气流量、出风口、热交换器、回风、风量,而我国在该领域更关注调节阀、阀体、空气质量等。通用气密阀通过聚类从全球专利提取的主题词包括进气口、阀杆、阀座、阀芯、气密性、密封圈等,而我国在该领域也同样关注进气口、阀座、阀板、阀杆、阀芯和密封圈等领域。

第四节　总结与展望

　　近年来,在国家对高等级生物安全实验室设备研发的大力支持下,相关领域取得了较大的发展。从高等级生物安全实验室设备国内外相关专利检索结果可以看出,在正压生物防护头罩、生物安全柜、压力蒸汽灭菌器和废水处理系统等领域,我国专利申请数量全球领先,是主要的技术应用国,可见我国在相关领域经过深入的研究,有了突破性进展。此外,生物防护口罩、一次性防护服、正压防护服、化学淋浴设备、动物隔离器、过氧化氢消毒装置、风量控制阀等相关的专利技术正在逐步增加,我国自主研究能力正在逐步提升。

　　同时,一些用于高等级生物安全实验室设备全球相关专利申请不足或在申请中,如人员防护装备佩戴密合度测定仪、实验室生命支持系统、动物负压解剖台、换笼工作台、动物垫料处置柜、动物残体处理系统、气(汽)体消毒物料传递舱、气密传递窗、双门传递筒、液槽等。值得我国深入研究,以便掌握该领域技术的主动权,存在很大的发展空间。

　　面对一些实验室设备,特别是生物安全四级实验室设备依赖国外进口还比较普遍,结合西方发达国家将关键生物安全设备列为对我国实行严格封锁的现状,我国应深刻认识到掌握核心关键技术的严峻性和紧迫性。虽然这些关键的核心技术大部分掌握在国外企业手中,甚至已经完成了一定的专利布局,但是技术差距较大和知识产权保护不足,无疑制约着国内企业的发展,因此应从知识产权的角度入手,通过分析竞争对手的专利,跟踪其技术发展路线,预测技术发展趋势,为缩小彼此间的技术差距提供研究基础。

　　值得注意的是,虽然在正压防护头罩、生物安全柜、压力蒸汽灭菌器等领域我国专利申请具有绝对优势,但是从专利权人可以看出,我国相关仪器设备的生产力和影响力并没有达到同等水平。因此,如何将自主知识产权有效地实现产业化,也是我国亟待解决的问题。有研究表明90%以上的科技成果不能转化为生产力,其根本原因,除少数成果是因为缺乏实际需求而无人问津外,主要原因还在于这些成果没有达到可以向生产转化的成熟度,企业和产品还不具备竞争力,或者说是缺乏品牌的竞争力。提高我国企业的品牌竞争力,除了需要从认识、理念上突破既得利益的藩篱、克服路径惯性之外,还需要做好以下工作:①严把科研立项关,严把成果审定关,确保科技成果的成熟度。②重视产品质量,高质量的产品是品牌的生命、竞争力的源泉。③加强对科技和人才的投入,全力支持科技创新。人才是企业赖以生存和发展的根本,品牌竞争说到底是人才的竞争、科技的竞争。④注重品牌的创新,体现在品牌定位、产品创新、科技创新和质量管理创新以及品牌文化创新。

第五章

我国高等级生物安全实验室防护设备使用现状

高等级生物安全实验室应符合《实验室 生物安全通用要求》(GB 19489—2008)等相关国家标准及规定,以完善的物理防护设施严格控制高危病原体随人流、物流、水流、气流扩散至公共环境的可能性,并最大限度降低人员感染及环境污染的发生率。实验室设施设备是从事科研活动的基本保障,也是保护实验操作人员和实验环境的基本屏障。因此,实验室防护设备是实现高等级生物安全实验室高效运行、保证人员安全的必备条件和重要保证,也逐渐成为科研机构和相关企业关注的重点领域。我国自 2003 年 SARS 疫情以来,逐步加强高等级生物安全实验室的建设工作。虽然国内已有不少生产和研发生物安全设备的企业,专利申请数量也呈现逐年上升的趋势,但目前我国应用于高等级生物安全实验室的生物安全设备仍以进口产品为主。因此,充分了解和掌握我国高等级生物安全实验室防护装备的现状和发展态势,对于加快我国实验室设施设备制造行业的发展有着重要意义,也为尽快实现设备自主保障的战略研究奠定基础。

第一节　调　研　设　计

一、调研内容

2017 年 5—10 月,利用中国疾病预防控制中心流行病学动态数据采集平台开发的调查平台系统,针对我国疾控系统、动物疫控系统、科研院所、高校、出入境系统,面向已建成并通过中国合格评定国家认可委员会认可或在建已购买设备的高等级生物安全实验室在线填写调研问卷,了解实验室防护设备的应用现状。此次调研共涉及个人防护及技术保障装备、实验室初级防护装备、消毒灭菌与废弃物处理装备、实验室围护结构密封/气密防护装置、实验室通风空调系统等设备中的 23 种设备。

此次调查范围为固定式生物安全实验室,不包括移动式生物安全实验室。

二、调研方法

调查采用问卷调查法,利用流行病学动态数据采集平台设计调查问卷,采用网上填报的方式进行调查回收。

运用访谈法对部分被调查单位及设备生产厂家进行面对面访谈。

采用描述性研究调查方法,以国产/进口、品牌、价格、维修频率、维保频率、维修价格、维保价格、设备使用满意度等指标作为统计指标,分析各实验室防护设备的国产率、价格分布、维修率、检测状况等内容。

三、质量控制

在填写问卷的过程中,若设备仪器购买时间较长,填写人员对时间、价格等回忆不清,或填写人员并不是设备采购人员或实验人员,易产生回忆偏倚或报告偏倚。为做好质量控制,对所有提交数据进行电话复核,空缺信息较多或差异较大的数据进行现场复核,收集完善数据,以确保数据的准确性。

现场访谈了解到的信息未必是完全真实、全面的信息,本研究通过文献检索和日常工作交流进一步综合分析。

选取防护设备生产厂家进行现场调研,对设备统计分析结果与设备生产企业能力进行比对,选取市场占有率高的部分企业进行实地调研、交流。

第二节　使用现状分析

截至 2018 年 7 月,共调查了我国 66 个高等级生物安全实验室,包括生物安全四级实验室和生物安全三级实验室,包含了通过 CNAS 认可和在建的实验室。按照行业、机构的不同,主要分布于卫生健康系统、农业农村系统、高校、中科院、海关系统等。

一、个人防护及技术保障设备

(一)防护口罩

所调查的实验室中,有 45 个实验室使用美国公司的防护口罩,仅有 6 个实验室使用国内品牌。2 个实验室使用医用外科口罩,其余处于在建或其他状态的实验室未配备防护口罩,如图 5-1。45 个被调查实验室使用 N95 类型的防护口罩,占所调查实验室数量的 82%;12 个实验室使用 N99 类型的防护口罩,数量相对较少;10 个实验室既使用 N95 类型也使用 N99 类型的防护口罩,具体分布情况如图 5-2。

N95 类型防护口罩价格为 5~50 元,N99 类型防护口罩价格为 12~38 元。被调查用户提出 N95 口罩有适配性和贴合度欠佳、需要对个体进行匹配的问题。

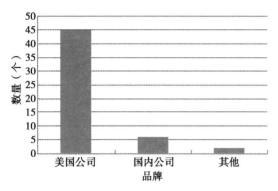

图 5-1　使用不同品牌防护口罩的实验室数量

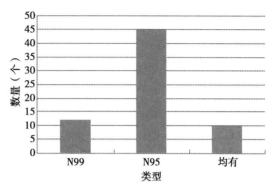

图 5-2　使用不同类型防护口罩的实验室数量

(二) 一次性防护服

在配备了一次性防护服的实验室中,选用进口品牌的实验室较多,主要是美国产品;选择国产品牌的实验室较少,但国产一次性防护服品牌多样,选择使用的用户对使用效果也较为满意。被调查用户反馈美国 A 公司防护服透气性稍差,美国 B 公司防护服透气性稍差且防水不好。国产防护服的价格区间为 18~70 元,进口防护服的价格区间为 22~200 元,国产产品的价格略低于进口产品,具体情况如表 5-1(以下所有品牌名称只显示国别或地区,若一个国家有多个品牌用字母表示,均隐去公司全称)。

表 5-1　一次性防护服的使用情况

品牌	实验室数量	价格分布 / 元
美国 A 公司	16	22.0~100.0
美国 B 公司	26	36.0~200.0
美国 C 公司	1	35.0
美国 D 公司	1	30.0
英国公司	1	37.0
中国 A 公司	1	70.0
中国 B 公司	1	50.0
中国 C 公司	1	70.0
中国 D 公司	1	15.0
中国 E 公司	1	70.0
中国 F 公司	1	7.5
中国 G 公司	1	45.0
定制	2	18.0~22.0

(三) 正压防护头罩

有 28 个被调查单位配备了正压防护头罩,共 171 个,均为进口美国品牌,价格在 690~80 000 元,使用效果较为满意。有部分被调查用户表示产品存在电池使用寿命短、配套的过滤器费用高等问题。

（四）正压防护服

所调查的实验室中只有 6 个需要使用正压防护服,全部为进口产品,价格区间为 5 万 ~10 万元,但均未投入使用。正压防护服的类型由使用单位根据实验室实际情况来选择。被调查用户反馈德国公司衣服材质较硬,穿着时较笨重,衣服单向阀排气口处未设置关闭阀,使用情况如表 5-2。

表 5-2　正压防护服的使用情况

品牌	个数	价格分布 / 万元	类型
法国 A 公司	2	8~10	自带风机送风过滤式、实验室压缩空气管道送风式
法国 B 公司	2	5~7	实验室压缩空气管道送风式
德国公司	2	10	自带风机送风过滤式、实验室压缩空气管道送风式

（五）呼吸防护装备佩戴密合度测试仪

有 8 个被调查单位有呼吸防护装备密合度定量测试仪,共 10 台。有 3 个单位使用进口美国产品,属于定量检测设备,价格区间在 14.99 万 ~15.00 万元;剩余 5 个单位使用另一进口美国品牌,属于定性检测设备,价格区间在 0.30 万 ~0.48 万元。从价格区间上显示,定量和定性两种检测设备的价格差距较大。

（六）生命支持系统

在所调查的实验室中,共有 5 个单位使用生命支持系统,共有 10 个。80% 的单位选择进口产品,国产产品的价格明显低于进口产品。生命支持系统的使用情况如表 5-3。

表 5-3　生命支持系统的使用情况

品牌	单位数 / 个数	价格分布 / 万元
法国 A 公司	3/8	300.000~946.170
法国 B 公司	1/1	529.283
中国公司	1/1	178.000

（七）化学淋浴设备

在所调查的实验室中,只有动物生物安全三级实验室和生物安全四级实验室使用化学淋浴设备,全部选择进口产品,各进口品牌价格相近。用户反馈德国 A 公司化学淋浴设备配备的紧急淋浴装置为重力喷水,压力无法满足要求,需要后期改进。化学淋浴房间内四个顶角为淋浴时的死角,需要人工使用手持喷淋装置专门喷洒消毒。化学淋浴系统的使用情况如表 5-4。

表 5-4　化学淋浴系统的使用情况

品牌	单位数 / 个数	价格分布 / 万元
法国公司	1/1	273.86
德国 A 公司	2/15	246.56~390.00
德国 B 公司	1/2	264.00

二、实验对象隔离操作防护设备

(一) Ⅱ级生物安全柜

1. 国产与进口产品分布　所调查的我国高等级生物安全实验室中共有 236 台Ⅱ级生物安全柜,17 台为国产产品,其余 219 台为进口产品,进口产品占比 92.80%。美国品牌的生物安全柜占所调查数量的 85.17%,其中半数生物安全柜为美国 A 公司产品。调查单位使用生物安全柜的品牌、数量、价格分布如表 5-5。

表 5-5　Ⅱ级生物安全柜的使用情况

品牌	单位数 / 数量	构成比 /%	价格分布 / 万元
美国 A 公司	23/118	50.00	6.00~39.60
美国 B 公司	13/49	20.76	5.22~13.00
美国 C 公司	10/19	8.05	6.00~16.50
美国 D 公司	6/13	5.51	5.85~12.00
美国 E 公司	1/2	0.85	9.00
新加坡公司	4/13	5.51	4.59~20.00
德国公司	1/3	1.27	7.00
日本公司	1/2	0.85	31.58
中国 A 公司	2/9	3.81	2.50~3.84
中国 B 公司	2/7	2.97	2.80~6.00
中国 C 公司	1/1	0.42	3.00
合计	236	100.00	

2. 类型及价格分布　所调查的生物安全柜使用类型为 A2 或 B2 型,这主要是根据实验室的压力和排风条件进行选择的。Ⅱ级生物安全柜的使用类型如表 5-6,67.37% 的生物安全柜是 A2 型的。根据表 5-5 显示,国产生物安全柜的价格明显低于进口产品,但由于选用国产品牌数量少,因此数据不具有代表性。进口产品价格区间大,价格取决于产品型号及用户定制功能需求等。

表 5-6　各品牌Ⅱ级生物安全柜的使用类型和数量分布

品牌	A2	B2	合计
美国 A 公司	76	42	118
美国 B 公司	24	25	49
美国 C 公司	15	4	19
美国 D 公司	10	3	13
美国 E 公司	2	—	2
新加坡公司	10	3	13

续表

品牌	A2	B2	合计
德国公司	3	—	3
日本公司	2	—	2
中国 A 公司	9	—	9
中国 B 公司	7	—	7
中国 C 公司	1	—	1
合计	159	77	236

3. **维保状况**　Ⅱ级生物安全柜的维保内容主要涉及高效过滤器检测,风速、风向、气流等常规参数检测及清洗等。维保费用从 500 元到 20 000 元不等,平均一年维保一次。维保情况如表 5-7。

表 5-7　Ⅱ级生物安全柜的维保情况

品牌	维保内容	维保价格分布/(万元/次)	维保频次/(年/次)
美国 A 公司	常规参数检测	0.05~3.00	0.5~1.0
美国 B 公司	日常维护	0.05~0.50	1.0
美国 C 公司	常规参数检测	0.05~1.50	0.5~1.0
美国 D 公司	性能检测、过滤器	0.60~2.00	1.0
新加坡公司	消毒、更换滤膜	1.00~1.50	1.0~2.0
日本公司	清洁	0.05	0.5
中国 A 公司	风速校正	0.70~1.20	1.0

4. **维修状况**　各品牌Ⅱ级生物安全柜的维修情况如表 5-8。生物安全柜维修情况较少,以更换滤膜、更换电源主板为主。更换高效过滤器属于维保情况,被调查单位在填写调研表的过程容易将维修维保情况合在一起填写,各品牌维修频次不同,主要是与设备使用的频率有关。

表 5-8　Ⅱ级生物安全柜的维修情况

品牌	维修内容	维修价格/(万元/次)	平均维修频次/(年/次)
美国 A 公司	更换滤膜	3.0~4.0	2.0
美国 B 公司	更换高效过滤器	3.0~4.0	1.0
美国 C 公司	出问题时	0.2~3.8	0.5
美国 D 公司	更换滤膜	0.4~1.2	1.0~3.0
新加坡公司	更换电源、电机	0.1	2.0

5. **检测及运行情况**

被调查的Ⅱ级生物安全柜检测周期通常为一年,主要委托第三方检测,主要的检测机构有国家建筑工程质量监督检验中心、国家生物防护装备工程技术研究中心、上海华证联检测科技有限公司及疾病预防控制中心等。被调查的设备基本运行良好,由于进口产品多,维修维保厂家距离较远,主要问题是维修维保不方便并且费用高;个别生物安全柜房间排风、压力有问题,集中在使用 B2 型生物安全柜的实验室。

(二) Ⅲ级生物安全柜

Ⅲ级生物安全柜柜体一般为焊接金属构造,柜体完全气密,工作人员通过连接在柜体的手套进行操作。主要应用于生物安全四级实验室中,防护级别高于Ⅱ级生物安全柜,所调查的高等级生物安全实验室中没有使用Ⅲ级生物安全柜的情况。

(三) 动物负压解剖台

调查对象中共有 10 个动物负压解剖台,分布在 8 家实验室,多数设备使用率不高,进口产品占总数的 90%,只有 1 个国产产品,价格低于进口产品。有用户反馈美国 A 公司病理取材台标配的过滤器是高锰酸钾除味过滤器,防污染的效果不理想。动物负压解剖台的使用情况如表 5-9。

表 5-9　动物负压解剖台的使用情况

品牌	单位 / 个数	价格分布 / 万元	类型
美国 A 公司	3/4	20.72~40.32	小型动物、非灵长类动物
美国 B 公司	1/2	13.00	小型动物、中型动物
法国公司	2/2	50.00~216.00	中型动物
日本公司	1/1	36.54	非人灵长类动物
中国公司	1/1	2.30	中型动物
合计	10		

(四) 换笼工作台

换笼工作台主要用于动物笼更换、实验动物解剖、组织分离等,可防止工作区域内的动物受到外界空气的污染。由于我国动物生物安全三级实验室少,因此换笼工作台数量少,在为数不多的动物生物安全三级的实验室中,全部选择进口产品,共 5 台。换笼工作台的使用情况如表 5-10。

表 5-10　换笼工作台的使用情况

品牌	单位 / 个数	价格 / 万元
美国公司	3/3	8~25
新加坡公司	1/2	12
合计	5	

(五) 动物隔离器

1. **国产与进口产品分布**　在调查对象中,共有 104 个动物隔离器,分布在 17 家实验室。其中进口产品 60 台,国产产品 44 台,进口占比 57.69%,相对使用数量较多是意大利公司和中国 A 公司。动物隔离器的使用情况如表 5-11。

表 5-11 动物隔离器的使用情况

品牌	单位 / 数量	构成比 /%	价格分布 / 万元
意大利公司	15/32	30.77	16.00~60.00
法国公司	3/9	8.65	50.00~216.00
日本公司	1/8	7.69	34.80
美国 A 公司	2/3	2.88	30.00~47.00
美国 B 公司	2/2	1.92	17.50~35.00
德国 A 公司	2/5	4.81	41.99~72.25
德国 B 公司	1/1	0.96	72.50
中国 A 公司	3/14	13.46	28.54~40.00
中国 B 公司	3/10	9.62	2.50~13.00
中国 C 公司	2/5	4.81	28.45~29.80
中国 D 公司	1/1	0.96	50.00
中国 E 公司	1/1	0.96	6.00
定制	1/13	12.50	9.80
合计	104	100.00	

2. 类型与价格分布 根据动物种类不同,动物隔离器可分为用于啮齿类小型动物的独立通风笼具(IVC),用于鸡、兔、犬等中型动物的禽隔离器和用于猴等非人灵长类动物的非气密性隔离器。调查数据显示,使用独立通风笼具和禽隔离器的最多,这与实验室饲养动物的类型及实验研究的病原类型有关。动物隔离器的国产价格分布普遍低于进口产品,价格随产品类型变化。动物隔离器的价格分布如表 5-11,使用类型如表 5-12。

表 5-12 动物隔离器的使用类型

品牌	IVC	非气密性	禽隔离	其他
意大利公司	28	0	0	4
法国公司	0	0	0	9
美国 A 公司	2	0	1	0
美国 B 公司	2	0	0	0
德国 A 公司	0	1	0	4
德国 B 公司	0	0	0	1
中国 A 公司	0	0	14	0
中国 B 公司	0	0	10	0

续表

品牌	IVC	非气密性	禽隔离	其他
中国 C 公司	0	0	5	0
中国 D 公司	0	0	0	1
中国 E 公司	1	0	0	0
定制	0	13	0	0
合计	33	22	30	18

3. 维保情况 各品牌的动物隔离器维保主要是定期更换初、高效过滤器和常规检测等，国产品牌的维保价格在万元以内，进口产品维保价格稍高于国产产品维保价格。详细情况如表 5-13。

表 5-13 各品牌动物隔离器的维保情况

品牌	维保内容	维保价格分布 / 万元	维保频次 /（年 / 次）
意大利公司	更换高效过滤器，检测	0.05~3.00	0.5~1.0
美国 A 公司	更换过滤器	3.00	1.0
美国 B 公司	更换过滤器	0.10~1.10	1.0
中国 B 公司	更换过滤器	0.20~0.30	0.5
中国 C 公司	更换初效、高效过滤器	0.50	1.0
中国 D 公司	更换过滤器及风速检测	0.80	1.0
中国 E 公司	笼盒内换气次数、风速等	0.20	0.5

4. 维修情况 各品牌动物隔离器的维修情况如表 5-14，维修内容主要是对主板、手套等进行更换，维修情况不多。

表 5-14 各品牌动物隔离器的维修情况

品牌	维修内容	维修价格分布 / 万元	维修频次 /（年 / 次）
意大利公司	更换主板、开关等	0.30~2.00	0.5~1.0
美国 A 公司	通风系统	0.20	1.0
中国 B 公司	更换手套	0.10~0.30	0.5
中国 C 公司	更换手套	0.35	1.0

5. 检测及运行情况 所调查的动物隔离器均委托第三方检测机构进行每年的检测工作，主要的检测机构有国家建筑工程质量监督检验中心、国家生物防护装备工程技术研究中心、广东出入境检验检疫局检验检疫技术中心和疾病预防控制中心等。所调查的动物隔离器的运行情况基本稳定，有使用意大利品牌的用户反馈 IVC 笼具高压灭菌后笼盒盒体有轻微变形，多次高压灭菌后容易老化等问题。

三、消毒灭菌与废弃物处理设备

(一) 压力蒸汽灭菌器

1. **进口与国产产品分布** 被调查的高等级生物安全实验室中共有 149 台压力蒸汽灭菌器,其中进口产品 97 台,国产产品 52 台,进口产品占比 65.10%。选择进口产品的数量多于国产产品,用户使用的品牌呈现多样化,中国 A 品牌占所调查数量最多。详细情况如表5-15。

表 5-15　压力蒸汽灭菌器的使用情况

品牌	单位 / 数量	构成比 /%	价格分布 / 万元	类型
瑞典公司	5/23	15.44	81.65~185.50	双扉
以色列公司	9/28	18.79	63.60~151.80	立式(1 台,11 万)
日本 A 公司	4/20	13.42	2.94~5.98	立式
日本 B 公司	2/6	4.03	5.00~40.00	立式
日本 C 公司	2/3	2.01	120.00~166.66	双扉
日本 D 公司	2/3	2.01	1.00	立式
英国公司	2/6	4.03	3.40~4.90	立式
德国 A 公司	4/4	2.68	76.00~160.00	双扉
德国 B 公司	2/3	2.01	65.00~85.00	双扉
瑞士公司	1/1	0.67	180.00	双扉
中国 A 公司	19/34	22.82	3.20~46.58	立式(1 台,0.95 万元)
中国 B 公司	1/2	1.34	36.50	双扉
中国 C 公司	3/7	4.70	11.30~36.00	双扉
中国 D 公司	5/7	4.70	8.60~30.00	双扉
中国 E 公司	1/1	0.67	3.10	立式
中国 F 公司	1/1	0.67	29.00	双扉
合计	149	100.00		

2. **使用类型及价格分布** 调查结果显示,立式压力灭菌器共 38 台,仅占 25.50%,其余111 台是双扉压力灭菌器,占 74.50%。立式压力蒸汽灭菌器的价格比双扉压力蒸汽灭菌器价格便宜更多。实验室使用的品牌多样,进口产品的价格明显高于国产产品。

3. **存在的问题** 调查中有实验室反馈,国产品牌 A 公司的压力蒸汽灭菌器存在不锈钢外壳有时开胶、滤芯噪音大、运行不稳定等问题,使用中国 C 公司的压力蒸汽灭菌器的用户反馈设备售后不便、维修维保不便等问题。对于进口产品而言,以色列公司的维修维保费用高,瑞典公司的产品存在配件购买时间长、设备程序设计复杂、有多重保护、维修困难等问题。

（二）废水处理系统

调查显示，我国高等级生物安全实验室中共有 32 个废水处理系统，分布在 25 个实验室中，进口产品 10 台，国产产品 22 台，选择国产产品的，占比 68.75%。进口产品价格远高于国产产品价格。价格空白是由于被调查对象无法回忆出产品价格，也无凭证显示产品价格。对使用美国品牌污水处理系统的单位提出，厂家距离较远，维保维修不方便。国产产品维保维修方便，但是使用中国 B 品牌的用户反馈管线位置穿过灭菌柜操作间不合理，漏水注入地下室控制箱，导致多个继电器损坏，传感器容易坏。废水处理系统使用情况如表 5-16。

表 5-16　废水处理系统使用情况

品牌	单位 / 个数	价格分布 / 万元
美国公司	4/6	200.00~2 000.00
西班牙公司	2/3	471.73~478.66
法国公司	1/1	1 146.60
中国 A 公司	2/7	3.30~10.00
中国 B 公司	3/3	15.51~30.00
中国 C 公司	2/3	12.00~25.00
中国 D 公司	3/3	26.00~130.00
中国 E 公司	1/1	14.00
中国 F 公司	1/1	9.92
中国 G 公司	1/1	80.00
中国 H 公司	1/1	1.78
中国 I 公司	1/1	—
定制	1/1	20.00
总计	32	

按照灭活方式的不同，废水处理系统可分为高温连续流灭活系统、高压湿热灭活系统和化学灭活系统。废水处理系统类型分布情况如下表 5-17，使用高压湿热处理废水方式的设备最多。

表 5-17　废水处理系统类型分布情况

品牌	高温连续流灭活	高压湿热	化学灭活	序批式
美国公司	1	5	0	0
西班牙公司	0	1	0	2
法国公司	1	0	0	0
中国 A 公司	0	7	0	0
中国 B 公司	2	0	1	0
中国 C 公司	0	3	0	0

续表

品牌	高温连续流灭活	高压湿热	化学灭活	序批式
中国 D 公司	2	1	0	0
中国 E 公司	0	1	0	0
中国 F 公司	0	0	1	0
中国 G 公司	0	1	0	0
中国 H 公司	0	0	1	0
中国 I 公司	0	1	0	0
定制	0	0	1	0
合计	6	20	4	2

(三)气(汽)体消毒装置

1. **进口与国产产品分布**　被调查的高等级生物安全实验室中共有 88 台消毒装置,其中进口产品 57 台,国产产品 31 台,选择进口产品更多,占比 64.77%,品牌、数量、价格分布如表 5-18 ;用户选择的品牌多样,英国公司和中国 A 公司分别是进口产品和国产产品中使用数量最多的产品。调查中发现,英国公司的产品必须使用该公司配套的试剂发生消毒气体,增加了使用单位的运行成本。

表 5-18　气(汽)体消毒装置的使用情况

品牌	单位 / 数量	构成比 /%	价格分布 / 万元
英国公司	20/31	35.23	28.53~343.20
瑞士公司	7/10	11.36	9.80~39.60
美国公司	3/3	3.41	90.00~100.00
法国 A 公司	1/4	4.54	13.66~55.22
法国 B 公司	1/1	1.14	40.00
德国 A 公司	3/3	3.41	11.00~19.00
德国 B 公司	1/3	3.41	0.58
意大利 A 公司	1/1	1.14	17.00
意大利 B 公司	1/1	1.14	58.09
中国 A 公司	9/20	22.73	0.39~18.00
中国 B 公司	2/4	4.54	4.10~6.90
中国 C 公司	4/5	5.68	13.00~26.00
中国 D 公司	1/1	1.14	2.00
中国 E 公司	1/1	1.14	13.00
合计	88	100.00	

2. **类型及价格分布**　实际使用中,运用汽化过氧化氢方式消毒的最多,共 49 台,占 55.68%,

其次是使用甲醛气体熏蒸方式进行消毒。在价格分布上,英国公司及美国公司产品价格高于其他产品,其余产品价格区间相似,国产产品价格普遍低于进口产品,详细情况如表 5-19。

表 5-19 气(汽)体消毒装置的使用类型分布

品牌	汽化过氧化氢	非汽化过氧化氢	甲醛气体熏蒸	气体二氧化氯	其他
英国公司	31	0	0	0	0
瑞士公司	10	0	0	0	0
美国公司	0	0	0	3	0
法国 A 公司	0	4	0	0	0
法国 B 公司	0	0	0	0	1
德国 A 公司	1	2	0	0	0
德国 B 公司	0	0	0	0	3
意大利 A 公司	0	0	1	0	0
意大利 B 公司	1	0	0	0	0
中国 A 公司	1	0	19	0	0
中国 B 公司	0	0	0	4	0
中国 C 公司	4	1	0	0	0
中国 D 公司	1	0	0	0	0
中国 E 公司	0	0	1	0	0
合计	49	7	21	7	4

3. 维修情况 气(汽)体消毒装置的维修主要以更换电源和零件为主,各类产品维修情况很少,具体情况如表 5-20。

表 5-20 气(汽)体消毒装置的维修情况

品牌	维修内容	维修价格 / 万元	维修频率 /(年 / 次)
英国公司	更换面板等零件、电源故障	1.30~4.00	1
美国公司	电脑触控板	2.00	3

4. 维保情况 气(汽)体消毒装置的维保内容主要是设备性能检测、清洁、更换反应罐等,设备使用状态均良好。气(汽)体消毒装置的维保情况如表 5-21。

表 5-21 气(汽)体消毒装置的维保情况

品牌	维保内容	维保价格 / 万元	维保频率 /(年 / 次)
英国公司	性能检测	0.50~2.50	1
美国公司	更换反应罐	4.00	2
德国 B 公司	更换阀	0.20	3
中国 A 公司	电气检查	0.03~0.05	1

5. 检测及运行情况 气(汽)体消毒装置的检测频率平均为一年,2/3 的机构选择自检,主要依据《消毒技术规范》(2002 年版)和《实验室生物安全认可准则对关键防护设备评价的应用说明》(CNAS-CL05-A002 :2018)进行检测。使用甲醛气体熏蒸方式消毒的实验室反映甲醛气味大,刺激性强,有致癌风险,对人体有损害,并且灭菌后会产生粉末,容易堵塞高效过滤器,清洁麻烦。使用气体二氧化氯消毒方式的部分实验室反馈湿度高时,二氧化氯腐蚀性较强。

(四)动物残体处理系统

所调查的单位中,有 3 家动物生物安全三级实验室有动物残体处理系统,全部为进口产品,价格差距较大,使用情况如表 5-22。其中有 2 个动物残体处理系统是炼制处理方式,1 个为高温碱水解处理方式。

表 5-22 动物残体处理系统使用情况

品牌	数量	价格 / 万元	类型
美国公司	1	822.82	高温碱水解处理系统
西班牙公司	1	627.00	炼制处理系统
丹麦公司	1	44.24	炼制处理系统

四、实验室围护结构密封 / 气密防护装置

(一)气密门

此次调查中,有 14 家单位有气密门,共 340 个,平均每家单位有约 20 个气密门,多数单位选择进口产品,共 295 个,占比 86.76%。国产品牌价格低于进口品牌价格。所有调查的气密门中使用机械压紧式的为 226 个,占 76.61%,仅有 69 个充气式气密门,占 23.39%。有实验室反馈充气式气密门缺点是充气密封胶条需定期更换,成本较高,如表 5-23。

表 5-23 气密门的使用情况

品牌	单位 / 数量	构成比 /%	价格分布 / 万元	类型
德国 A 公司	4/86	25.29	0.65~2.52	机械压紧式
德国 B 公司	2/78	22.94	10.47~13.23	机械压紧式
德国 C 公司	1/22	6.47	13.94	机械压紧式
英国公司	2/61	17.94	12.00~21.04	充气式(21 个)
法国公司	1/48	14.12	20.27	充气式
中国 A 公司	1/19	5.59	0.57	机械压紧式
中国 B 公司	1/8	2.35	9.00	机械压紧式
中国 C 公司	1/18	5.29	0.25	机械压紧式
合计	340	100.00		

(二) 管线穿墙密封设备

在调查中,有 12 个实验室有此设备,应用于动物生物安全三级实验室和生物安全四级的管线穿墙密封设备多,进口产品 346 个,占比 52.50%,国产产品 313 个,占比 47.50%,但是进口品牌选择集中,国产产品品牌分布广。管线穿墙密封设备的使用情况如表 5-24。

表 5-24　管线穿墙密封设备的使用情况

品牌	单位 / 数量	价格分布 / 万元	使用情况
德国公司	2/268	1.37~2.50	需灌注密闭胶进行后续密闭处理
瑞典公司	3/78	1.3~10.00	正常
中国 A 公司	2/240	0.02	正常
中国 B 公司	1/30	0.05	正常
中国 C 公司	1/3	0.10	正常
中国 D 公司	1/1	23.80	小故障多
定制	2/39	2.00~3.00	正常
合计	659		

(三) 气(汽)体消毒物料传递舱

调查中有 3 个单位有物料传递舱,共 7 台。国产产品 5 台,进口产品 2 台,国产占比 71.43%。采用充气胶条密封的传递舱有充气胶条使用寿命短的问题。气(汽)体消毒物料传递舱的使用情况如表 5-25。

表 5-25　气(汽)体消毒物料传递舱的使用情况

品牌	单位 / 数量	价格分布 / 万元	使用情况
法国公司	1/2	5.0~18.0	良好
上海公司	1/4	35.5	充气胶条使用寿命短
天津公司	1/1	11.7	未正式运行
合计	7		

(四) 气密传递窗

所调查单位中,有 24 家单位有气密传递窗,共 132 个,选择国产产品数量多,共 107 个,占比 81.06%,国产品牌多样,价格差别大,如表 5-26。定制数量多是由于部分实验室在建造过程中将气密传递窗交由施工方定制设计制造,有些价格含在总建造费用中,无法分离出单价。

表 5-26　气密传递窗的使用情况

品牌	单位 / 数量	价格分布 / 万元
英国公司	2/23	15.75~20.00
法国公司	1/2	—
中国 A 公司	3/35	0.30~6.40
中国 B 公司	2/9	0.40~0.92

续表

品牌	单位/数量	价格分布/万元
中国C公司	2/11	0.20~0.90
中国D公司	2/10	4.00~5.00
中国E公司	1/7	5.71
中国F公司	1/6	4.50
中国G公司	1/4	0.30
中国H公司	1/4	0.15
中国I公司	1/4	3.86
国产定制	4/17	0.35~2.00
合计	132	

气密传递窗的使用类型如表5-27,67台为气(汽)体消毒型,其余65台为紫外线消毒型。使用状况均良好。

表5-27　气密传递窗的使用类型

品牌	紫外线消毒	气(汽)体消毒
英国公司	12	11
法国公司	0	2
中国A公司	8	27
中国B公司	9	0
中国C公司	8	3
中国D公司	0	10
中国E公司	0	7
中国F公司	0	6
中国G公司	4	0
中国H公司	4	0
中国I公司	4	0
定制	16	1
合计	65	67

(五)渡槽

所调查单位中,仅4家单位的动物生物安全三级实验室使用渡槽,共12个。进口产品8个,有4个国产产品,价格与进口产品相差悬殊。渡槽的使用情况如表5-28。

表 5-28 渡槽的使用情况

品牌	单位 / 数量	价格分布 / 万元
英国公司	2/8	8.90~9.45
中国 A 公司	1/3	16.00
中国 B 公司	1/1	0.80
合计	12	

五、实验室通风空调系统生物安全防护设备

(一) 生物安全型高效空气过滤装置

1. 国产与进口产品分布 在所调查的实验室中,共使用 1 547 台生物安全型高效空气过滤装置,其中国产产品 1 091 台,进口产品 456 台,具体使用情况如表 5-29。国产产品数量高于进口产品,国产占比 70.52%。进口产品中使用瑞典公司的最多,国产产品有多个品牌,但也相对集中,中国 A 公司的生物安全型高效过滤装置使用数量最多,占国产产品的 79.47%。

表 5-29 生物安全型高效空气过滤装置的使用情况

企业	单位 / 数量	构成比 /%	价格分布 / 万元
瑞典公司	11/245	15.84	5.90~73.00
美国 A 公司	3/74	4.78	0.12~5.00
美国 B 公司	3/100	6.46	22.60~50.00
美国 C 公司	1/2	0.13	6.10
美国 D 公司	1/2	0.13	14.50
德国 A 公司	2/14	0.90	25.00
德国 B 公司	1/19	1.23	43.00
中国 A 公司	28/867	56.04	0.30~20.00
中国 B 公司	2/113	7.30	0.20~3.50
中国 C 公司	2/62	4.01	0.20
中国 D 公司	1/19	1.23	0.06
中国 E 公司	1/21	1.36	0.25
中国 F 公司	2/8	0.52	0.20~30.00
定制	1/1	0.06	10.00
合计	1 547	100.00	

2. 类型及价格分布 各品牌生物安全型高效空气过滤装置使用类型如表 5-30,使用风口式和箱式类型的最多,其中风口式占 61.67%。同种品牌的有不同类型的产品,选择柜式的数量最少。从表 5-29 中可看出国产产品价格普遍低于进口产品,但是针对实验室专门定

制的产品价格也有所升高。

表 5-30　生物安全型高效空气过滤装置使用类型

品牌	风口式	箱式	室内柜式	其他
瑞典公司	72	173	0	0
美国 A 公司	44	30	0	0
美国 B 公司	0	100	0	0
美国 C 公司	0	0	2	0
美国 D 公司	0	0	0	2
德国 A 公司	0	14	0	0
德国 B 公司	0	19	0	0
中国 A 公司	688	127	31	21
中国 B 公司	110	3	0	0
中国 C 公司	0	0	0	62
中国 D 公司	19	0	0	0
中国 E 公司	21	0	0	0
中国 F 公司	0	7	1	0
定制	0	1	0	0
合计	954	474	34	85

　　3. 维保状况　生物安全型高效空气过滤装置的维保主要是检漏、滤芯阻力检测、更换 HEPA 过滤器等,由于实验室使用频率不同,因此维保频次略有差异如表 5-31。

表 5-31　生物安全型高效空气过滤装置的维保情况

品牌	维保内容	维保价格 / 万元	维保频次 /(年 / 次)
瑞典公司	检测、更换过滤器	0.20~5.00	1.0
德国 A 公司	气密检测	0.50	1.0
美国 A 公司	日常维护、检测	1.00	0.5
美国 C 公司	过滤器检测	1.20	1.0
中国 A 公司	消毒、检测	0.05~5.00	1.0~2.0
中国 B 公司	更换过滤器	0.40~4.10	1.0~3.0
中国 C 公司	检漏、滤芯阻力检测	0.30	1.0
中国 D 公司	检测、更换	0.40	2.0
中国 F 公司	检测	0.20	0.5
定制	更换过滤器	1.00	3.0

4. 维修状况 由于部分实验室使用率低,设备很少使用,有些维保情况中包含维修,因此维修情况少。维修主要以更换过滤器为主,进口与国产设备维修价格差别不明显,维修频率主要根据设备的使用情况自主决定。生物安全型高效空气过滤装置的维修情况如表 5-32。

表 5-32 生物安全型高效空气过滤装置的维修情况

品牌	维修内容	维修价格 / 万元	维修频次 /(年 / 次)
美国 A 公司	故障处理	1.50	0.5
美国 B 公司	更换过滤器	3.00	1.0
美国 C 公司	更换过滤器	2.00	2.0
中国 A 公司	更换过滤器	0.10~4.30	1.0
中国 D 公司	更换过滤器	0.28	1.0

5. 检测及运行情况 生物安全型高效空气过滤装置检测周期为 1 年,基本委托第三方检测机构进行每年的检测,主要检测机构有国家建筑工程质量监督检验中心、国家生物防护装备工程技术研究中心和省疾病预防控制中心等。设备使用状况均良好。有单位反馈缺乏 HEPA 过滤器专用消毒设备,对于个别生物安全三级实验室数量较多的单位希望能购买到 HEPA 过滤器专用消毒设备,便于日常维护,减少维修维保成本,增加使用寿命,这也为消毒设备的应用提出了新的要求。

(二) 生物型密闭阀

被调查单位中,47 家单位有生物型密闭阀,共 1 697 个。进口产品 496 个,占比 29.23%,国产产品 1 201 个,占比 70.77%。选用中国 B 公司的单位和数量最多,占比 62.52%。进口产品与国产产品价格相差不大,如表 5-33。

表 5-33 生物型密闭阀的使用情况

品牌	单位 / 个数	构成比 /%	价格分布 / 万元
加拿大公司	5/201	11.84	2.50~6.67
瑞典公司	4/101	5.95	5.00
德国 A 公司	1/12	0.71	2.60
德国 B 公司	2/172	10.14	0.75~2.50
美国公司	1/10	0.59	1.30
中国 A 公司	1/14	0.82	0.01
中国 B 公司	28/1 061	62.52	0.40~4.90
中国 C 公司	3/92	5.42	0.50~1.21
中国 D 公司	1/1	0.06	0.50
中国 E 公司	1/22	1.30	0.75
定制	1/11	0.65	1.00
合计	1 697	100.00	

六、使用现况分析

此次调查的 23 种设备中,未涉及Ⅲ级生物安全柜;由于生物安全四级实验室数量少,因此用于生物安全四级实验室中的设备数量极少,例如正压防护服、生命支持系统、化学淋浴设备、管线穿墙密封设备及渡槽;另外我国动物生物安全三级实验室数量有限,因此,在此类实验室中的应用的设备也很少,如动物负压解剖台、换笼工作台、动物残体处理系统、气(汽)体消毒物料传递舱;主要用于检测防护口罩佩戴气密性的呼吸防护装备佩戴密合度测试仪,也很少,究其原因,一方面是此设备价格高,另一方面有其他更便捷实惠的替代手段。上述设备基本选用的是进口产品。

对于其他常用设备,如Ⅱ级生物安全柜、动物隔离器、压力蒸汽灭菌器、气(汽)体消毒装置、气密门的进口率均高于国产,废水处理系统、气密传递窗、生物安全型高效空气过滤装置、生物型密闭阀的国产率高于进口。详细的进口与国产比例如图 5-3。

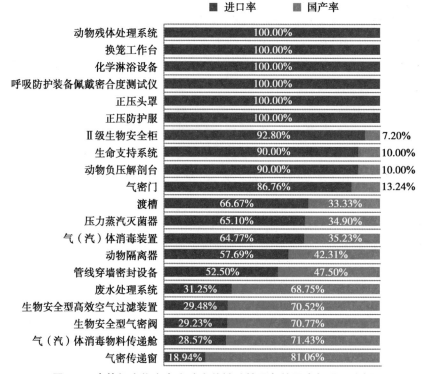

图 5-3　高等级生物安全实验室关键防护设备的国产与进口比例

2017 年 7 月至 2018 年 8 月,课题组共调研了 5 家实验室和 6 家设备公司,根据数据分析结果,结合现场调研及面对面访谈,总结我国高等级生物安全实验室防护设备的发展现况有以下几点。

(一)国内企业研发起步较晚,发展快速

国外生物安全实验室关键防护设备的研发起步于 20 世纪 40 年代。1951 年,美国

Baker公司研制出世界第一台Ⅱ级生物安全柜。而我国在20世纪80年代后期,才开始重视发展高等级生物安全实验室。1987年,我国首个生物安全三级实验室建成,在2003年SARS疫情暴发后,我国科研机构、院校、企业等开始新建、改扩建了一批生物安全三级实验室。随着实验室的建成,国家也开始高度重视生物安全防护的研发工作,在国家科技支撑计划、"863计划"、传染病防治国家科技重大专项等课题的支持下,成功研发了生物安全型空气过滤装置、生物型密闭阀、气密门、气密传递窗等生物安全防护装备,而Ⅱ级生物安全柜、压力蒸汽灭菌器、动物隔离器等国内已自主研发的设备不断趋于完善,国内也出现了很多新兴企业投入到生产和研发生物安全防护设备的团队中,从上述的分析结果中可以看出国产品牌的多样化。

相较于美国、法国、英国等发达国家,我国高等级生物安全实验室的发展和设备研发起步较晚。目前我国生物安全防护设备正走向科技创新发展的阶段。在进口率百分之百的设备中,正压头罩已研发成功并且批量化生产;化学淋浴设备、生命支持系统、呼吸防护装备佩戴密合度测试仪国内已完成产品研发;动物残体高温碱水解处理设备已研发成功,开始应用于国内动物疫苗生产企业;换笼工作台的研制已经立项,目前处于研发阶段。值得一提的是生物安全型高效空气过滤装置的国产产品已趋于成熟,并且品牌多样,特别是中国某公司,是国内生物安全型高效空气过滤装置中市场占比最大的企业,甚至超过进口品牌,并且此品牌的其他设备,如动物隔离器、气密传递窗、生物型密闭阀等,在国内也占有一定市场份额。

（二）国产产品具有一定的价格和维修维保优势

此次调查结果显示,Ⅱ级生物安全柜、动物负压解剖台、废水处理系统、气密传递窗、生物安全型高效空气过滤装置这些设备国产产品的价格明显优于进口产品,其他产品的国产产品价格也在不同程度上优于进口产品价格。就国产率高的设备来看,气密传递窗及废水处理系统的总数量并不高,使用的国产产品品牌多样,选择进口产品的品牌相对集中。由于气密传递窗占用空间小,考虑到预留位置及施工方便,国内部分实验室在建造过程中将气密传递窗交由施工方一起制造完成,因此国产率高,并且多数价格含在总建筑费中,难以计算单价。选用进口废水处理系统的实验室反映进口产品维修维保费用高,并且厂家距离远,联系厂家实地维修维保周期长,不方便;国产废水处理系统比进口产品价格优惠也是导致国产率高的原因之一。

（三）生物安全四级和动物生物安全三级实验室中生物安全防护设备国产率极低

截止调查时间为止,国内只有1家已建成并投入使用的生物安全四级实验室,大动物生物安全三级实验室的数量也有限,因此设备需求量少,而对实验室安全性要求高。虽然在生物安全三级实验室中使用的关键设备仍是进口产品占主导,但是有国产产品在使用,而生物安全四级实验室中几乎全部选用进口产品。正压防护服、化学淋浴设备全部选用进口产品,生命支持系统、动物负压解剖台的进口率也远高于国产率,表明我国高等级生物安全实验室的部分核心设备依然受制于人。

（四）国产产品技术工艺与进口产品仍有差距

随着中国经济的蓬勃发展,近年来出现了很多中外合资企业,一些国外大品牌也在中国设立了分部,并且设有工厂。但此次调查仍将这些品牌归为进口产品统计。通过调研、访谈发现,多数国产产品与进口产品的参数指标几乎无差别,产品中的核心技术国内亦可自主研发,主要区别在于进口与国产设备的生产标准不同,因此使用制造的材料及生产技术略有差异,这样往往使得设备的安全性和稳定性有所不同,而这些材料或技术可能是造成产品质量差异的关键因素。

(五) 国内需求量小,研发能力欠缺

我国高等级生物安全实验室数量有限,分布不均,并且实验室使用率不高。高等级生物安全实验室中使用的关键设备技术工艺要求高,对企业的实力及资质也有较高要求,企业难以投入大成本研发设备。市场销量小、收回资金慢,是国内企业自主研发积极性欠缺的原因之一。Ⅱ级生物安全柜、压力蒸汽灭菌器、气(汽)体消毒装置、生物安全型高效空气过滤装置等产品国内已有多个品牌,但是产品进入市场时间不长,用户购买往往会有"跟风"的现象,缺少用户的体验反馈,也是造成国产率不高的原因之一。

(六) 对国产品牌不信任,企业与用户交流少

调查中几乎所有设备国产产品的价格都优于进口产品价格,并且国产产品供货时间短,售后服务方面相比进口产品更便利,但是用户宁愿"多花钱""买放心",这是对国产品牌不信任的体现。调研发现,用户很少有机会实地评估企业实力,大多情况通过电话或网络了解企业,进而提出产品的需求,企业也很少与用户沟通实际工作中对设备的使用建议,往往在设备出现问题后通过维修改进。目前我国还缺少将用户与企业沟通联系的平台,如果在定制产品前能深入了解企业及产品,对于用户和企业双方都更有益,也有益于提升企业形象。

第三节 工 作 建 议

一、增加支持力度,推广国产产品

建议国家和政府加强对国内企业的扶持,加大对国内相关行业的资金投入,鼓励企业自主研发生物安全防护设备,让企业有更多的精力和财力研发设备,提升企业创造力,填补我国生物安全实验室防护设备领域的技术空白,由"中国制造"向"中国创造"转变。此外,更需要积极推广应用国产产品,通过政府引导打造民族品牌,保护民族企业,树立企业的自信。

二、提高产品质量,完善产品标准

目前我国高等级生物安全实验室中多数设备缺乏相关产品标准,尤其是生物安全四级实验室所使用的设备,如正压防护服、化学淋浴设备、生命支持系统、动物残体处理系统等设备,国内研发已初步完成,但是缺乏相关技术标准和评价标准,使得产品质量控制和评估难以做到标准化。因此建议国家有关部门完善生物安全防护设备的国家标准或行业标准,规范企业生产制度,加入质量认证管理,不断向高精尖技术靠拢,从而提高产品质量及工艺,降低产品维修率,提升客户对国产产品的信任度。

三、搭建沟通平台,提升品牌信任度

加强用户和企业沟通交流,鼓励用户到企业实地调研或考察,了解生产流程及企业规模。用户在使用过程中及时将设备的问题反馈给企业,企业以用户的需求为导向,多聆听采纳用户的使用反馈,这样能够帮助企业更好的研发设备和改进技术。企业可增加自身品牌宣传,加入国家品牌计划,提升品牌知晓率,通过国家对产品质量的认证提高品牌信任度。

第六章

我国高等级生物安全实验室设备发展战略研究专家咨询

为征求实验室生物安全领域相关专家对我国实验室生物安全设备发展的意见建议，国家重点研发计划课题"实验室生物安全装备的现状分析与发展战略研究"课题组于2018年7月开展了专家咨询问卷调查，调查旨在通过深入调研，提出我国高等级生物安全实验室设备发展战略，为国家相应科技规划制定提供依据，提高我国实验室生物安全保障能力和保障水平。调查通过问卷星网站（https://www.wjx.cn），采用网上问卷调查的方式开展。

一、调查设计

该调查主要目的是征求相关领域专家对我国高等级生物安全实验室设备发展现状的认识和未来发展建议，主要针对生物安全四级实验室建设规划、高等级生物安全实验室相关法规、实验室监管、相关标准、科技政策、科研项目、研发能力、研发重点、我国高等级生物安全实验室装备发展战略目标、战略任务等十个内容，既包括选项类型的问题也包括开放式的意见、建议类型的问题。

调查问卷网上发布（https://www.wjx.top/jq/25241016.aspx），通过电子邮件邀请专家进行填写，专家根据邮件提供的调查问卷链接地址，在线填写并提交答卷。所邀请专家包括卫生、农业、军队、大学、出入境等领域与实验室生物安全有关的专家，以及军队、地方实验室生物安全管理专家。来自军事科学院军事医学研究院、军事科学院系统工程研究院、中国科学院武汉病毒研究所、中国医学科学院医学实验动物研究所、中国农业科学院哈尔滨兽医研究所、中国农业科学院兰州兽医研究所、中国疾病预防控制中心、江苏省疾病预防控制中心、复旦大学、华南农业大学、武汉大学、中国兽医药品监察所、北京海关（原北京出入境检验检疫局）、广州海关（原广东出入境检验检疫局）、中国建筑科学研究院有限公司、中国中元国际工程有限公司的19名专家参加了问卷调查。

主要调查内容如下。

(一) 生物安全四级实验室建设规划

1. 未来 10 年,我国应建成多少个生物安全四级实验室较为合适? 〔单选题〕

　　○ 10 个以上

　　○ 7~9 个

　　○ 5~6 个

　　○ 4 个以下

2. 对我国生物安全四级实验室建设规划的建议:〔填空题〕

(二) 高等级生物安全实验室相关法规

1. 我国现有高等级生物安全实验室相关法规是否满足需要? 〔单选题〕

　　○满足

　　○基本满足

　　○不能满足

2. 我国应从哪些方面进一步完善高等级生物安全实验室相关法规:〔填空题〕

(三) 高等级生物安全实验室监管

1. 我国高等级生物安全实验室监管现状如何? 〔单选题〕

　　○好

　　○较好

　　○有待提高

2. 对加强我国高等级生物安全实验室监管的建议:〔填空题〕

(四) 高等级生物安全实验室设备相关标准

1. 我国高等级生物安全实验室设备相关标准是否完善? 〔单选题〕

　　○完善

　　○基本完善

　　○不完善

2. 我国应从哪些方面进一步完善高等级生物安全实验室设备相关标准:〔填空题〕

(五) 高等级生物安全实验室设备研发科技政策

1. 我国当前科研规划中对高等级生物安全实验室设备研发重视程度如何? 〔单选题〕

　　○非常重视

　　○比较重视

　　○不够重视

2. 对加强我国高等级生物安全实验室设备研发国家科技政策的建议:〔填空题〕

(六) 高等级生物安全实验室设备研发科研项目

1. 我国对高等级生物安全实验室设备研发科研投入情况如何? 〔单选题〕

　　○投入较多

　　○投入适中

　　○投入不足

2. 我国今后应当在高等级生物安全实验室设备研发哪些领域加强投入:［填空题］

（七）我国高等级生物安全实验室设备研发能力

1. 我国高等级生物安全实验室设备研发能力与发达国家相比:［单选题］

  ○差距很大

  ○差距较大

  ○差距不大

2. 对我国高等级生物安全实验室设备研发机制体制的建议:［填空题］

（八）我国高等级生物安全实验室设备研发重点

1. 我国目前哪些高等级生物安全实验室设备技术研发与市场化已达到国外发达国家水平？［多选题］

  □生物防护口罩

  □一次性防护服

  □正压防护头罩

  □正压防护服

  □人员防护装备佩戴密合度测定仪

  □实验室生命支持系统

  □化学淋浴设备

  □Ⅱ级生物安全柜

  □Ⅲ级生物安全柜

  □独立通风笼具（IVC）

  □手套箱式动物隔离器

  □动物负压解剖台

  □换笼工作台

  □动物垫料处置柜

  □压力蒸汽灭菌器

  □气体消毒设备

  □废水处理系统

  □动物残体处理系统

  □气密门

  □气密传递窗

  □管线穿墙密封设备

  □气（汽）体消毒物料传递舱

  □渡槽

  □高效空气过滤装置

  □风量控制阀

  □生物型密闭阀

2. 我国高等级生物安全实验室设备技术研发与市场化哪些领域与国外还存在较大差距？［多选题］

　　　　□生物防护口罩

　　　　□一次性防护服

　　　　□正压防护头罩

　　　　□正压防护服

　　　　□人员防护装备佩戴密合度测定仪

　　　　□实验室生命支持系统

　　　　□化学淋浴设备

　　　　□Ⅱ级生物安全柜

　　　　□Ⅲ级生物安全柜

　　　　□独立通风笼具(IVC)

　　　　□手套箱式动物隔离器

　　　　□动物负压解剖台

　　　　□换笼工作台

　　　　□动物垫料处置柜

　　　　□压力蒸汽灭菌器

　　　　□气体消毒设备

　　　　□废水处理系统

　　　　□动物残体处理系统

　　　　□气密门

　　　　□气密传递窗

　　　　□管线穿墙密封设备

　　　　□气(汽)体消毒物料传递舱

　　　　□渡槽

　　　　□高效空气过滤装置

　　　　□风量控制阀

　　　　□生物型密闭阀

3. 在高等级生物安全实验室设备研发中,我国尚未突破的技术瓶颈主要在哪些方面？［填空题］

(九) 我国高等级生物安全实验室设备发展战略目标

1. 到 2035 年,我国高等级生物安全实验室装备发展应确立怎样的目标:

技术研发［填空题］

市场发展［填空题］

保障能力［填空题］

其他［填空题］

2. 到 2050 年,我国高等级生物安全实验室设备发展应确立怎样的目标:

技术研发［填空题］

市场发展［填空题］

保障能力［填空题］

其他［填空题］

（十）我国高等级生物安全实验室设备发展战略任务

1. 我国高等级生物安全实验室设备发展战略任务重点是什么？

技术研发［填空题］

标准体系［填空题］

科技政策［填空题］

机制体制［填空题］

人才队伍［填空题］

国际合作［填空题］

其他［填空题］

2. 提高我国高等级生物安全实验室设备研发能力的意见建议？［填空题］

再次感谢您的大力支持！

二、结果分析

（一）选择项结果汇总

1. 未来 10 年,我国应建成多少个生物安全四级实验室较为合适?

选项	小计	比例
10 个以上	1	5.26%
7~9 个	3	15.79%
5~6 个	12	63.16%
4 个以下	3	15.79%
有效填写人次	19	

2. 我国现有高等级生物安全实验室相关法规是否满足需要?

选项	小计	比例
满足	2	10.53%
基本满足	16	84.21%
不能满足	1	5.26%
有效填写人次	19	

3. 我国高等级生物安全实验室监管现状如何？

选项	小计	比例
好	3	15.79%
较好	12	63.16%
有待提高	3	15.79%
(空)	1	5.26%
有效填写人次	19	

4. 我国高等级生物安全实验室设备相关标准是否完善？

选项	小计	比例
完善	0	0
基本完善	10	52.63%
不完善	9	47.37%
本题有效填写人次	19	

5. 我国当前科研规划中对高等级生物安全实验室设备研发重视程度如何？

选项	小计	比例
非常重视	3	15.79%
比较重视	15	78.95%
不够重视	1	5.26%
有效填写人次	19	

6. 我国对高等级生物安全实验室设备研发科研投入情况如何？

选项	小计	比例
投入较多	1	5.26%
投入适中	12	63.16%
投入不足	6	31.58%
有效填写人次	19	

7. 我国高等级生物安全实验室设备研发能力与发达国家相比如何？

选项	小计	比例
差距很大	1	5.26%
差距较大	14	73.69%
差距不大	4	21.05%
有效填写人次	19	

8. 我国目前哪些高等级生物安全实验室设备技术研发与市场化已达到国外发达国家水平?

选项	小计	比例
气密传递窗	11	57.89%
高效空气过滤装置	11	57.89%
Ⅱ级生物安全柜	9	47.37%
生物型密闭阀	9	47.37%
生物防护口罩	8	42.11%
压力蒸汽灭菌器	8	42.11%
渡槽	8	42.11%
一次性防护服	7	36.84%
手套箱式动物隔离器	7	36.84%
气密门	7	36.84%
气(汽)体消毒物料传递舱	7	36.84%
化学淋浴设备	6	31.58%
独立通风笼具(IVC)	6	31.58%
废水处理系统	6	31.58%
管线穿墙密封设备	6	31.58%
正压防护服	5	26.32%
实验室生命支持系统	5	26.32%
正压防护头罩	4	21.05%
Ⅲ级生物安全柜	4	21.05%
动物负压解剖台	4	21.05%
换笼工作台	4	21.05%
气体消毒设备	4	21.05%
风量控制阀	4	21.05%
动物垫料处置柜	3	15.79%
动物残体处理系统	3	15.79%
人员防护装备佩戴密合度测定仪	1	5.26%
(空)	1	5.26%
有效填写人次	19	

9. 我国高等级生物安全实验室设备技术研发与市场化哪些领域与国外还存在较大差距？

选项	小计	比例
正压防护头罩	15	78.95%
正压防护服	15	78.95%
独立通风笼具（IVC）	15	78.95%
动物残体处理系统	15	78.95%
Ⅲ级生物安全柜	13	68.42%
气体消毒设备	13	68.42%
实验室生命支持系统	12	63.16%
动物负压解剖台	12	63.16%
废水处理系统	12	63.16%
压力蒸汽灭菌器	11	57.89%
人员防护装备佩戴密合度测定仪	10	52.63%
化学淋浴设备	10	52.63%
换笼工作台	10	52.63%
生物防护口罩	9	47.37%
一次性防护服	8	42.11%
手套箱式动物隔离器	8	42.11%
气密门	8	42.11%
管线穿墙密封设备	8	42.11%
风量控制阀	8	42.11%
Ⅱ级生物安全柜	7	36.84%
动物垫料处置柜	7	36.84%
高效空气过滤装置	6	31.58%
生物型密闭阀	6	31.58%
气密传递窗	4	21.05%
气（汽）体消毒物料传递舱	3	15.79%
渡槽	2	10.53%
有效填写人次	19	

（二）意见建议结果汇总

1. 对我国生物安全四级实验室建设规划的建议

（1）尽快形成网络。实验室不单要为本地或邻近区域服务，还应联合其他生物安全四级实验室形成全国性的网络；尽快建设中国疾病预防控制中心生物安全四级实验室；在现有生物安全四级实验室的基础上要尽快启动其他生物安全四级实验室建设，同时要考虑行业均衡性。

（2）充分利用现有设施。充分利用好现有生物安全四级实验室设施，推动共享机制形成并提高使用效率；现已建成实验室应对运行、管理、维护积累经验，人员素质的养成、设施设备的有效运行、实验室管理体系的有效运转，只有在实战中才能得到实现。

（3）多样化。应适当建立小规模生物安全柜型四级实验室。

2. 我国应从哪些方面进一步完善高等级生物安全实验室相关法规

（1）纳入法律。今后高等级生物安全实验室的规划和管理应纳入国家法律层面。

（2）进行修订。一些规章已发布多年，针对一些新的问题应及时修订。

（3）延伸法规。目前生物安全实验室法律框架已经形成，核心法规已落地并顺畅执行，但相关延伸法规尚不完善。

（4）实验室管理。要完善生物安全四级实验室管理、使用相关法规。

3. 对加强我国高等级生物安全实验室监管的建议

（1）明确责任。应明确高等级生物安全实验室监督管理的主体责任部门，发挥实验室设立单位的主体责任；加强对微生物菌（毒）种保藏和实验活动的监管。

（2）制定预案。加快制定应急工作预案。

（3）生物安全文化。营造实验室生物安全文化。

（4）建立健全监管制度。应建立常态化的监管制度，特别是对高等级生物安全实验室人员生物安全知识和操作技能的考核与监管，还应建立不定期检查或飞行检查制度。

（5）加强薄弱环节监管。企业中的生物安全实验室是监管的薄弱环节，应加强。

4. 我国应从哪些方面进一步完善高等级生物安全实验室设备相关标准

（1）加快标准制定。高等级生物安全实验室设备大部分无标准，建议加快标准制定，形成实验室设备系列国家标准和使用指南。

（2）推动行业标准制定。设备的标准化，目前主要靠企业标准，差异较大，相关生物安全行业协会应尽快推动高等级生物安全实验室设备相关行业标准的制定。

（3）同步推行。生产标准、检测和评价标准应同步推行。

（4）提高适用性。标准应符合实际，避免一味提高标准而造成不必要的资源浪费。

5. 对加强我国高等级生物安全实验室设备研发国家科技政策的建议

（1）目标明确。明确国家政策的功能定位及目标任务。

（2）加大支持。十四五期间应加大生物安全重点研发专项的支持力度。

（3）发展人工智能。建议智能运行、智能管理方面能够加大支持力度，要有前瞻性。

（4）重视工艺。重视产品工艺，加强装备的材料、原理等基础科学研究。

（5）推广应用。从注重研制设备阶段，逐步转向注重推广与应用，验证以及标准化阶段。

(6)扶持优势企业。遴选并确定一批企业,给予特殊政策支持,使这些企业可以适当获利,并为国家生物安全事业保驾护航。

6. 我国今后应当在高等级生物安全实验室设备研发哪些领域加强投入

(1)基础材料。保证实验室密封性的基础材料、建设构件和关键设备研究。

(2)大型设备。大型设备,如尸体处理、高压灭菌柜等;初级防护装备,如独立通风笼具(IVC)、安全柜、废弃物(污水)处置设备、生命维持系统、化学淋浴等应加大研究投入。

(3)智能化。增加智能运行和管理方面的投入,加强控制系统及生物安全实验室用机器人的研发。

7. 对我国高等级生物安全实验室设备研发机制体制的建议

(1)协同。加强"产学研"协同创新,多部门、多领域、多行业结合。

(2)企业作用。增加对企业在生物安全装备研发方面的投入,引导企业产业升级。

8. 在高等级生物安全实验室设备研发中,我国尚未突破的技术瓶颈主要在哪些方面?

(1)基础材料。材料问题,如负压独立通风笼具、正压防护服、IVC 笼体和密封圈等。

(2)设备可靠性与稳定性。生物安全型高压灭菌器的消毒盲端问题,生命维持系统的稳定性及安全性问题。

(3)控制系统。目前控制系统主要依靠进口。

(4)制造工艺。我国高等级实验室生物安全装备的制造工艺和加工精度有待提高。

9. 2035 年,我国高等级生物安全实验室设备发展应确立怎样的目标

(1)技术研发:①具备国产化能力。实现高等级生物安全实验室设备的国产化。②水平先进。掌握多数关键设备的核心技术,研发能力在国际上处于较先进水平。实现全系列产品研发,具备个性化定制、柔性化生产能力。③系统验证与示范。系统规范的示范应用与验证,建立和完善质量技术指标的规范与标准化。

(2)市场发展:①培育核心企业。培育出一批可为国家生物安全事业保驾护航的核心企业。②满足国内需求。国内设备供应能满足国内市场需求,市场发展稳定。③全产业链条。可基本满足国家生物安全相关需求的全产业链制造能力。④具备国际品牌。在国际上建立品牌知名度。

(3)保障能力:①自主保障。达到基本不依靠进口,建设高等级生物安全实验室,水平等同于世界同类实验室水平。②售后服务。售后服务专业高效。③产业升级。生物安全和生物制品行业在生物安全技术方面将会深度融合,引领新一轮产业升级。

10. 到 2050 年,我国高等级生物安全实验室设备发展应确立怎样的目标

(1)技术研发:①国际领先。高等级生物安全实验室设备处于国际领先水平。②规则制定。成为世界生物安全设备规则的制定者。③智能化。融合智能化、无人化技术,建立高水平实验平台。

(2)市场发展:①知名品牌。有 3~5 个品牌成为世界知名品牌。②国际竞争。充分参与国际竞争,将我国的生物安全设备推向全球。③海外市场。国内设备供应能满足国内外市场需求,海外市场份额占比大幅上升。

(3)保障能力:①能力提升。建立新的安全体系,保障能力大幅提升,具备自诊断和远程

维护能力,形成我国自主设施、设备 100% 建设和使用能力,人工智能得到发展。②国外发展。不仅能够满足国内高等级生物安全实验室设备发展的需要,而且也满足国外驻点实验室的发展。③良好竞争。每种设备都有 2 家以上的生产单位,形成良性竞争。

11. 我国高等级生物安全实验室设备发展战略任务重点是什么

(1)技术研发:①突破技术瓶颈。新材料、新技术、新方案的突破,突破关键技术和设备研发技术瓶颈。②产业化。加强现有设备的验证与产业化开发和新设备研制,解决产业化过程中存在的主要障碍。③能耗和投资。研究新技术,研发新设备,解决高等级生物安全实验室能耗高、投资高、运行费用高的问题。

(2)标准体系:①国际接轨。建立具有我国特色、与国际接轨的标准体系。②不断完善。需要进一步系统化、统一化、精细化,避免各部门各自为政、互不兼容的情况发生,使高等级生物安全实验室设备的生产标准化、规范化。③国际话语权。参与国际标准制定,掌握话语权。

(3)科技政策:①稳定支持。保持稳定的高等级生物安全实验室设备科技支撑、经常性支持和重点支持相结合的科研政策。②协作配合。研发单位、生产单位、使用单位共同进行产品的设计和研发。③成果转化。促进科技成果的转化,根据行业领域的需求,制定研发与鼓励示范、推广应用的政策。④培育扶持。培育、扶持有社会责任的研发制造企业。

(4)机制体制:①加强管理。生物安全四级实验室建设规划应纳入国家生物安全战略和政策;国家要有专门的高等级生物安全实验室管理部门。②联动机制。要形成上下联动机制,要有顶层设计也要有来自基层的要求,顶层设计和基层的需求要形成相互作用;建立产学研用管有机结合的创新机制。③支持国产设备。鼓励国产设备的采购与实际应用。④企业积极性。调动企业研发积极性,在提高研发能力的同时,提高企业制造工艺及水平;培育和扶持生物安全相关"小众"设备研发制造企业成长。

(5)人才队伍:①多领域人才。完善实验室设计、建设、管理、科研和战略研究等各领域人才建设。②全产业链人才。从全产业链入手,不局限于个别领域,加强各领域合作,形成综合的人才队伍,形成从材料、设计、加工制造、用户、运行维护等全产业链人才的综合体。③高等教育。在部分院校和科研院所设立生物安全专业,确保生物安全专业人才的稳定输出。

(6)国际合作:①重视国际合作。加强国际合作,实现强强联合,并将国际上先进技术转化为我国可实现的成果。②消化吸收。引进新技术、新理念,注重引进、消化、吸收、再创新。③产品输出。重点布局"一带一路"沿线国家的生物安全设备,技术和产品向"一带一路"沿线国家输出。

12. 提高我国高等级生物安全实验室设备研发能力的意见建议

(1)协作攻关。组织全国大协作、大联合,攻克最紧迫的技术难关。

(2)加大投入。我国高等级生物安全实验室设备研发的理念是成熟的,需要的是整合,如何将散落在不同领域的技术重组在一起,不仅需要人才和时间,主要还是需要资金的投入和引导。

(3)扶持企业。扶持专业或特长企业,具备高质量制造水平。

（4）加强地方研发力量。目前实验室装备研发主要是军队科研机构,地方研发力量不强。

（5）重视使用人员意见。多听一线设备使用人员的意见,只有接地气,制造出来的设备才能实用、适用,最终评价设备是否好用、实用的是一线操作人员。

三、总结

高等级生物安全实验室相关设备研发、使用与管理机构人员,对我国实验室生物安全设备的发展以及与国外的对比有切身的体会,对我国实验室生物安全设备的未来发展有自身的思考。通过征求这些专家的建议,可以针对不同专家意见进行定量统计,同时也可以获得专家对于我国实验室生物安全发展的意见和建议。

由于时间限制,本次征求专家意见的人员有限,今后类似研究中如果能征求更广泛专家的意见,可能会发挥更好的启示作用。

第七章

我国高等级生物安全实验室设备发展战略

新发突发传染病、生物武器、生物恐怖、生物技术谬用等传统与非传统安全威胁对我国人民群众身体健康、经济发展与国家安全构成了严重的挑战。高等级生物安全实验室是应对生物威胁的重要基础设施,是生物防御能力的重要体现。目前,我国建设了一定数量的高等级生物安全实验室,但一些实验室防护设备,特别是生物安全四级实验室防护设备,依赖国外进口的情况还比较普遍。由于高等级生物安全实验室设备的特殊性,西方发达国家将关键生物安全设备对我国实行严格封锁,即使同意部分用于公共卫生体系建设对我出口,也实行严格的出口审查和价格、技术、服务垄断。如若不着力加强我国实验室生物安全设备研发,在生物安全保障能力上会受制于人,影响我国国家安全。随着大数据、人工智能等技术的发展,高等级生物安全实验室设备研发可能产生一些颠覆性的技术。我国也迫切需要跟上并引领实验室生物安全设备的发展,更好地维护我国生物安全。通过对形势分析与趋势研判,经专家讨论,提出我国高等级生物安全实验室设备发展战略建议。

一、形势分析与趋势研判

(一)我国面临日益严峻的生物威胁,迫切需要提高生物安全实验室保障能力

当今世界传统安全与非传统安全问题相互交织。生物安全问题属于重要的非传统安全,并且影响政治安全、经济安全、国家安全等其他安全。与核威胁、化学威胁相比,生物威胁可能造成更大的影响,由于疾病的可传播性,其更容易在无声无息中造成大范围的影响和人群恐慌。

1. **新发突发传染病**　新发突发传染病近些年对我国构成严重威胁。"传染病无国界",随着经济全球化的发展,人类和各类物资在世界范围的流动日益频繁,加大了传染性疾病的发生和传播的可能性。一些原来在动物中流行的传染病屡次跨种传播到人类,而且随着人类流动性的增大,在地球一端的传染病可以迅速传播到地球的另一端,传染病的传播仅仅是"一架飞机"的距离。新发突发传染病已对我国构成了持续的严重威胁。

2. **生物武器**　美国、苏联等国家曾在第二次世界大战后大规模研发生物武器,虽然此

后其宣布停止生物武器研发计划,但研发能力依然存在。我国周边一些国家也可能具有秘密的生物武器研发计划,对我国国家安全构成潜在威胁。同时,随着生物技术的快速发展,可以很容易地产生一些危害更大的生物剂。

3. 生物恐怖　在 2001 年美国"9·11"事件和"炭疽邮件"事件后,各国认识到生物恐怖已经成为一种现实的威胁,基地组织、日本奥姆真理教等组织都曾经企图制造生物恐怖。生物恐怖与其他恐怖袭击方式相比具有成本低、影响范围广、可引起极大的人群恐慌等特点,因而受到恐怖分子的青睐。敌视我国的境内外恐怖分子也可能对我国制造生物恐怖袭击事件。

4. 生物技术两用性　生物技术是典型的两用性技术,其一方面可以促进人类健康、经济发展、生活水平提高,另一方面也可能造成巨大的潜在危害。如病原体功能获得性研究、合成病原体基因组、基因编辑、基因驱动等生物技术的谬用都存在潜在的安全风险,可能有意或无意地产生威胁更大的新型病原体。

(二) 高等级生物安全实验室数量快速增长,对实验室生物安全装备发展提出更高要求

1. 全球生物安全实验室数量快速增长　当前全球正在运行或建设中的生物安全四级实验室数量一直在增长。尤其是美国近些年大幅度加强了生物安全实验室的建设,英国、加拿大、澳大利亚、德国、法国等一些发达国家以及印度等发展中国家都建有生物安全四级实验室。高等级生物安全实验室在人类健康、农业、检疫、科研等很多领域都发挥着巨大的作用。

2. 我国加快高等级生物安全实验室建设步伐　在 2003 年 SARS 疫情后,我国出台了多个发展规划,加快了高等级生物安全实验室的建设步伐。截至 2018 年 9 月,有 50 多个高等级生物安全实验室建成并通过认可,其中卫生部门实验室有 45 家,农业部门实验室有 13 家。截至 2020 年 10 月,我国通过科技部建设审查的三级生物安全实验室共有 81 家。这些实验室在国家新发突发传染病防控、疫苗药物研究、国家重大活动保障中发挥了积极作用。

3. 高等级生物安全实验室感染事故时有发生　全球高等级生物安全实验室快速增长的同时,高等级生物安全实验室相关的感染事故也时有发生。我国近几年也发生了一些实验室生物安全事故。除了加强管理,实验室设备水平的提高也是减少实验室事故的重要途径。随着设备技术的发展,高等级生物安全实验室的生物安全风险将进一步降低。

(三) 我国实验室生物安全设备研发机遇与挑战并存

1. 实验室生物安全设备研发取得显著成果　实验室生物安全防护设备是高等级生物安全实验室的硬件基础和生物安全屏障。我国病原微生物实验室生物安全防护设备的研究工作起步较晚,从 2003 年 SARS 疫情后才正式开展专业化、系统化研究,落后于美、法、德等发达国家 20~30 年。近些年,随着国家对高等级生物安全实验室建设的重视和设备研发科技投入的增加,我国高等级生物安全实验室防护设备研发也取得了一定成果。

(1)部署了一批课题:2003 年以来,"863 计划"、国家科技攻关计划、国家科技支撑计划、传染病防治科技重大专项、国家重点研发计划等国家科技计划部署了一批实验室生物安全设备研发相关课题,通过这些课题的研发显著提升了我国高等级生物安全实验室生物安全设备的自主研发能力,提高了相关研究机构与制造企业的技术水平。

(2)研发了一批设备:在设施设备方面,成功研制了高效空气过滤器单元、生物安全型双扉压力蒸汽灭菌器、压紧式气密门、充气式气密门、Ⅱ级生物安全柜、生物型密闭阀等生物安全实验室关键防护设备,并已应用在我国建设的生物安全三级实验室和移动生物安全三级实验室。目前国内所用正压防护服、废水处理系统、气密传递窗、空气过滤装置、生物型密闭阀的国产率均高于进口,已基本能实现生物安全三级实验室防护设备的自主保障。

(3)取得了一批成果:近些年,我国实验室生物安全设备的研发取得了显著成效,获得了以国家科技进步奖二等奖(生物安全三级和四级实验室生物安全技术与应用,2012年)为标志的系列成果,部分设备在2013年抗击人感染H7N9禽流感疫情和2014年抗击埃博拉病毒病疫情中发挥了重要的科技支撑作用。

(4)培育了一批企业:近些年,我国一些实验室生物安全设备相关研发生产企业不断壮大发展,如天津昌特、张家港华菱医疗设备股份公司、苏州金燕净化设备工程有限公司、苏州冯氏实验动物设备有限公司、苏净安泰空气技术有限公司、苏州江南航天机电工业有限公司等,所研发产品的技术和工艺水平不断提升。高效空气过滤装置的国产产品趋于成熟,并且品牌多样,特别是天津昌特净化工程有限公司,是国内高效空气过滤装置中市场占比最大的企业,甚至超过进口品牌。

(5)确立了一批标准:2003年以前,我国生物安全实验室的设计与建造没有统一的标准,配套的生物安全装备也处于非标准化状态。随着《实验室 生物安全通用要求》(GB 19489—2008)、《实验室设备生物安全性能评价技术规范》(RB/T 199—2015)和我国高等级生物安全实验室认可制度的实施,实验室生物安全设备开始进入规范化的发展轨道。生物防护口罩、一次性防护服、正压防护头罩、Ⅱ级生物安全柜、Ⅲ级生物安全柜、压力蒸汽灭菌器、消毒装置、高效空气过滤装置、传递窗8种设备我国已经具备产品标准并适用于生物安全实验室。同时建立了正压防护服、生命支持系统、废水处理、气锁、隔离器等15项关键设备的评价技术准则,以及高压力高风险环境下操作人员能力评价指标体系。

(6)申请了一些专利:随着高等级生物安全实验室设备的成功研发和应用,我国也越来越注重自主知识产权。我国正压防护头罩、生物安全柜、压力蒸汽灭菌器和废水处理系统等设备的专利申请数量全球领先,是主要的技术来源国,说明我国在这些领域已有深入的研究;一次性防护服、正压防护服、化学淋浴设备、过氧化氢消毒装置和风量控制阀等设备也在逐步加强技术储备,相关技术专利申请数量正在逐步增加。高等级生物安全实验室设备相关技术的掌握和自主知识产权的拥有,为我国打破西方发达国家的技术封锁、摆脱国外进口的依赖提供了有力的技术储备,为生物安全保障能力的逐步提升奠定了坚实的技术基础。

2. 实验室生物安全装备研发与使用存在的问题

(1)技术瓶颈有待突破:目前,生物安全四级实验室建设和运行的关键设备及核心技术均为欧美发达国家所掌握和垄断。从高等级生物安全实验室设备国内外相关专利检索结果可以看出,生物防护口罩、一次性防护服、正压防护服、化学淋浴设备、动物隔离器、过氧化氢消毒装置、风量控制阀等相关的专利技术我国掌握程度较差,自主研发能力有待进一步提升。同时,一些高等级生物安全实验室设备相关专利申请不足,如人员防护装备佩戴密合度测定仪、实验室生命支持系统、动物负压解剖台、换笼工作台、动物垫料处置柜、动物残体处理系统、气(汽)体消毒物料传递舱、气密传递窗、双门传递筒、液槽传递窗等领域,这些领域有待深入研究。即使是我国申请专利较多的领域,仪器设备的生产力和影响力并没有达到同等水平,因此如何将自主知识产权有效地实现产业化,也是我国亟待解决的问题。

(2)受制于人尚未改变:根据对我国高等级生物安全实验室的现况调查,目前应用于生物安全四级实验室中的设备几乎均选用进口产品。生物安全实验室中关键生物安全设备,如Ⅱ级生物安全柜、动物隔离器、压力蒸汽灭菌器、消毒装置、气密门、风量控制阀等,进口率均高于国产。同时,我国目前没有实验室应用Ⅲ级生物安全柜。另外,污水处理装置和动物残体碱水解处理系统、动物残体炼制处理系统我国相关研究有待加强,实验室生物安全设备的研发链仍不够完善。

(3)产品标准不够完善:我国高等级生物安全实验室中大多数生物安全关键防护设备缺乏相关产品标准,尤其生物安全四级实验室所使用的正压防护服、化学淋浴消毒装置、动物残体处理系统等设备,相关技术参数缺失,实验室无法参考相关标准要求选购,对实验室的使用者和管理者带来了风险。另外,正压防护服、实验室生命支持系统、废水处理系统、化学淋浴设备、气密门、动物负压解剖台、换笼工作台、动物垫料处置柜、动物隔离器、气密门、生物型密闭阀等设备无可参考的国外产品标准,增加了我国相关标准制定的难度。

(4)产品评测比较困难:我国缺乏一些高等级生物安全实验室装备相应的评价标准,对标准化操作程序及其维护等均缺乏专业化的人才,这对保持设备设施的正常状态、安全使用具有很大风险。《实验室　生物安全通用要求》(GB 19489—2008)是对实验室的通用要求,多为原则性要求,对实验装备的检测项目和检测方法没有具体规定;《实验室设备生物安全性能评价技术规范》(RB/T 199—2015)仅规定了生物安全实验室中常见防护设备的生物安全性能评价要求。我国近些年加大了对高等级生物安全实验室关键设备技术的研发力度,如正压防护服、生命支持系统、化学淋浴装置等设备已实现自主生产,但上述设备无法得到认证认可和实践检验,形成了对进口产品"受限制不会用"、国内产品"能生产不敢用"的尴尬局面。

(5)工艺技术不够稳定:与发达国家相比,我国实验室生物安全设备的质量水平、工艺、稳定性等方面还存在一些差距。我国在部分设施设备的研制方面取得了一些进展,但与世界先进水平相比,在运行的安全性和防护的有效性方面仍存在较大差距。研制的设备虽然已在生物安全三级实验室得到应用,但稳定性和效果还需要进一步测试和验证。多数国产产品与进口产品的参数指标几乎无差别,产品中的核心技术国内亦可自主研发,但材料和技术差异是造成产品质量差异的关键。

(6)企业研发能力不足:高等级生物安全实验室中使用的关键设备技术工艺要求高,对企业的实力及资质也有较高要求,企业难以花大成本研发设备,投入市场销量小,收回资金慢,是国内企业自主研发能力欠缺的原因之一。Ⅱ级生物安全柜、压力蒸汽灭菌器、消毒装置、空气过滤装置等产品国内已有多个品牌,但是产品进入市场时间不长,产品竞争力不强。同时,我国缺少用户与企业沟通联系的平台,不利于企业产品性能提升。

(7)国产品牌信心不足:国产产品的价格一般低于进口产品价格,并且国产产品供货时间短,售后服务方面相比进口产品更便利,但是用户宁愿"多花钱""买放心",是对国产品牌不信任的体现。尽管Ⅱ级生物安全柜、实验动物独立通风笼具(IVC)、压力蒸汽灭菌器等基本生物安全设备的国产化技术和产品已趋于成熟,能满足生物安全三级实验室的要求,具有价格和服务优势,但品牌、质量和声誉尚不及同类进口产品。生物安全型高效空气过滤装置、气密门、生物型密闭阀等产品的国产化技术尽管已趋于成熟,产品已在国内生物安全三级实验室得到大量应用,但尚未取得国内生物安全四级实验室建设单位的信任应用。

(8)专业人才严重不足:缺少复合型生物安全人才,生物安全管理人员和硬件设施维护管理人员不足。我国目前从事生物安全四级实验室管理和从事研究的专业化人才极度缺乏,进口产品的使用与维护,生物安全四级实验室安全监管,事故应急处置等后勤管理,以及高危险度病原体和管制生物剂实验操作等研究工作均缺乏受过严格标准化培训的专业人才;同时,对实验室人员的实践操作和生物安全的培训也未形成制度化管理。

(9)管理有待加强:我国在高等级生物安全实验室体系建设和运行管理方面仍存在一些急需解决的问题,高等级生物安全实验室地区和行业实验室布局不均衡,以生物安全四级实验室为核心的生物安全实验室体系还不够完善,实验室建设、管理和运行等方面的法规和制度还有待进一步健全。我国对高等级生物安全实验室,特别是生物安全四级实验室的安全管理缺乏实际经验,远落后于欧美发达国家。尽管我国高等级生物安全实验室在"建、管、用"方面借鉴并参照了国际先进标准体系,但还未形成统一的规范化管理制度。如在建设方面,缺乏标准化的实验室统筹设计、选址规划和环境评估程序;在使用方面,缺乏全国或军队统一的生物安全实验室技术标准体系和规范化操作规程;在监管方面,缺乏全国或军队统一的高等级生物安全实验室科学、规范、有效的运行监管制度。

(10)生物安全意识亟待强化:高等级生物安全实验室相关从业人员的生物安全责任意识、安全操作水平和应急处置能力有待进一步提高。目前,我国已建成的多家生物安全三级实验室的安全管理、防护条件、设施水平和防护机制均存在不同程度的漏洞和缺陷;对实验室研究,菌毒种或样本运输、贮存、处理等过程监管不够;高等级生物安全实验室从业人员的准入门槛低,没有规范化和标准化的人员选拔、考核和审查制度,缺乏相关专业知识和操作技能的培训,导致高等级生物安全实验室操作人员的生物安全责任意识薄弱。

二、战略指导与目标

(一)指导思想

以习近平新时代中国特色社会主义思想为指导,以总体国家安全观、实现中华民族伟大复兴、创新驱动发展战略、构建人类命运共同体等重要思想及战略为指引,以《高级别生物安全实验室体系建设规划(2016—2025年)》《中国制造2025》《"十三五"国家科技创新规划》《国家创新驱动发展战略纲要》等国家相关战略规划为依据,增强忧患意识,居安思危,未雨绸缪,提高我国生物安全保障能力。

(二)战略目标

分两个阶段

第一阶段　到2035年全面实现自主创新,竞争力明显增强,显著提升我国生物安全保障能力,我国生物安全防护设备制造业整体达到世界制造强国阵营中等水平,成为生物安全实验室防护设备"产、学、研、用"大国。

技术研发:建立完善的实验室防护设备质量技术规范与标准体系;掌握多数关键设备的核心技术;研制特殊领域(深海、太空、极地等特殊环境及未知生命科学领域)的生物安全实验室防护设备;具备个性化定制、柔性化生产能力;实现全部高等级生物安全实验室设备全系列产品的国产化;融合人工智能技术,初步实现人工智能化。

市场发展:具备可基本满足国家生物安全相关需求的全产业链制造能力;培育专业性生产企业;设备供应能满足国内市场需求,在"一带一路"沿线国家推广应用,在国际上建立品牌知名度,国际市场拓展稳定。

保障能力:形成我国生物安全防护设备研发、制造、市场、运维等完整的产业链条,引领新一轮产业升级;实现高等级生物安全实验室全生命期的国产化,达到国际水平。

第二阶段　到2050年基本实现引领全球创新,具有明显竞争优势,全面构建我国完善的生物安全保障体系,我国生物安全防护设备制造业综合实力进入世界制造强国前列,成为生物安全实验室防护设备"产、学、研、用"强国。

技术研发:广泛主持和参与国际生物安全防护设备标准及规范的制订;人工智能等高新技术在高等级生物安全实验室防护设备领域全面应用,全面实现智能化,支撑未来智慧实验室及实验室网络平台的构建,高等级生物安全实验室设备研发处于国际领先水平。

市场发展:有3~5个品牌成为世界知名品牌;充分参与国际竞争,将我国的生物安全防护设备推向全球;国内防护设备供应能满足国内外市场需求,海外市场份额占比大幅提升,达到50%以上。

保障能力:保障能力大幅提升,具备自诊断和远程维护能力;不仅能够满足国内高等级生物安全实验室设备发展的需要,而且也满足国外驻点实验室的发展需要;每种设备都有2家以上生产单位,形成良性竞争。

（三）战略方针和基本原则

国家高等级生物安全实验室设备发展的战略方针为:创新发展,加快培育。高等级生物安全实验室装备发展不能依赖进口,应通过我国的自主创新发展;同时加快培育优势企业和核心科研机构,提升我国的竞争力。

国家高等级生物安全实验室设备发展基本原则如下。

1. 坚持科技引领与需求导向相结合　通过多学科的发展,突破生物安全实验室装备研发关键技术水平,进一步与需求相结合,满足国内高等级生物安全实验室建设发展的需要,同时,利用"一带一路"政策等扩大市场,提高我国影响力,促进经济发展。

2. 坚持国家扶持与企业发展相结合　实验室生物安全设备有其自身的特点,一些设备的市场规模很小,需要国家的政策扶持与经费投入。国家要鼓励该领域具有一定研发基础的企业发展,在相关政策方面提供支持,形成优势。

3. 坚持超前规划与分阶段推进相结合　高等级生物安全实验室的Ⅲ级生物安全柜、正压防护服等技术的发展显著提升了安全水平,可以预见今后还会有一些新的、颠覆性技术的产生。当前我国要超前规划实验室设备人工智能等一些前瞻性的研发项目,同时结合我国高等级实验室的建设,有针对性地开展研发与攻关。

4. 坚持系统布局与重点突破相结合　高等级生物安全实验室相关的各类设备研发我国都要有所涉及,避免国外在某些领域的限制对我国造成巨大影响。越是核心技术掌握在较少数国家的技术产品,我们越要加强研发投入,力争实现突破。

5. 坚持自主创新与引进吸收相结合　我国高等级生物安全实验室设备发展需立足自身发展,要加强该领域人才培养和相关学科发展。同时,要积极参与国际交流合作,做到知己知彼,认识、缩小差距,引进吸收再创新。

6. 坚持产学研用管相结合　我国高等级生物安全实验室设备的发展需要科研机构、生产企业、用户单位、管理机构的深入交流与密切配合与沟通,研发部门和企业了解用户单位的需求,用户单位能将产品使用情况反馈研发部门与企业,管理部门对设备研发与使用情况要全面掌握。

三、战略任务

（一）强化自主创新,掌握核心技术,提升研制能力

合理布局与加快高等级生物安全实验室建设,突破关键核心共性技术,加大关键设施设备的研发力度,提高设备产品的稳定性、安全性和有效性,最大程度地满足高等级生物安全实验室需求,加强以下领域关键设备的研发:

1. 进一步加强Ⅲ级生物安全柜、手套箱式隔离器的研发,形成产业化和生物安全四级实验室的自主保障能力。

2. 加强手套箱式动物隔离器、动物解剖台、动物换笼器的研制,形成系列化和产业化,满足对灵长类等动物的隔离饲养、手术解剖、X 射线拍片等的需求,全面提升高等级动物生物安全实验室的生物安全水平。

3. 开展实验室生物安全设备的补缺配套研究,加强动物残体碱水解处理系统的研究,启动动物残体炼制处理系统研究,开展生物安全四级实验室相关设备的研发,形成一套完整的实验室生物安全设备保障链。

4. 加强高等级生物安全实验室基础材料、工艺、自动控制和人工智能等领域的产品研发,提升实验室生物安全保障能力水平。

（二）加强标准制定,完善评价体系,推进产品认证

我国实验室生物安全装备研发起步较晚,需要借鉴国外实验室和企业经验,尽快建立相关标准,为规范产品质量,提升国产化水平奠定基础。为促进国产化设备生产工艺的优化提高及技术定型,应尽快分析国内外相关标准差异,并制定相关标准,对我国自主研制的设备量化生产和投入使用提供技术支撑。我国目前仅制定了生物安全柜的行业标准,其他设备的相关标准均为生产评价标准。相关生物安全行业协会应尽快推动高等级生物安全实验室设备相关行业标准的制定。国家标准、行业标准、企业标准系统布局,全面覆盖,重点突破。同时,参与国际标准制定,掌握话语权。尽快制定各类生物安全实验室关键防护设备的生产评价标准,为我国研制的生物安全实验室关键防护设备定型和标准化生产奠定基础。

（三）完善产业链条，优化产业结构，提高企业能力

当前，在高等级生物安全实验室设备研发领域，我国一些企业已经具备了一定的研发与生产能力，但总体来说规模较小，研发投入不足，缺乏国际竞争力。国家要加强对企业的扶持，采取适当的优惠和税收减免政策，加大对企业的支持力度，鼓励企业自主研发生物安全设备，提升企业创造力，由"中国制造"向"中国智造"转变。国家要扶持该领域具有国际竞争力的企业，不断提升研发能力与技术水平。强化以企业为主的研发、制造和技术贮备能力，鼓励民间企业参与研发，提高积极性。增加对企业在生物安全设备研发方面的投入，引导企业产业升级，发展常规设备与生物安全设备的融合。国家建立实验室生物安全产品的认证制度，鼓励企业提高技术水平。鼓励用户到企业实地调研或考察，企业以用户的需求为导向。

（四）出台相关政策，推动产品应用，打造中国品牌

加强政府对高等级生物安全实验室关键设备研制和使用的支持力度。建立支持高等级生物安全实验室关键设备发展的多渠道、多元化的投融资机制。组织和引导相关领域的骨干力量，建立集"产、学、研、用"为一体的高等级生物安全实验室关键设备产业联盟，在科研开发、市场开拓、业务分包等方面开展合作，开展国产设备的示范和应用研究，实现重大技术突破和科技成果产业化。部门间加强合作，减少科研成果转化审批环节，鼓励国产设备的采购与实际应用。根据不同产品的市场需求和国家安全战略需求，市场导向和国家储备同步进行。

（五）完善学科建设，加快人才培养，构建人才梯队

高等级生物安全实验室设备研发是一个交叉领域，国家要加强人才培养，加强相关学科建设发展，增设本科、研究生教育专业课程安排，增加院校和科研院所生物安全专业设置，培养精通工程技术和生物安全专业的复合型人才，确保生物安全专业人才的稳定输出。加大重要岗位人员出国培训学习机会，支持引进高等级生物安全实验室设备研发与管理相关技术方面的人才。从全产业链入手，加强各领域合作，形成综合性人才队伍。

（六）加强国际交流，参与规则制定，发挥引领作用

强化与国外高等级生物安全实验室、科研机构、相关企业的交流合作。加强与国外优势企业的交流，掌握最新发展趋势；加强与国外科研机构和高校的交流，学习实验室生物安全管理方面的有益经验。通过对先进技术和理念的引进、消化、吸收、再创新，制定更适用于我国国情的生物安全实验室发展战略方针。与世界卫生组织、国际条约执行机构、欧美等国家开展常态化合作，强化亚太地区生物安全合作，在"一带一路"区域实现生物安全产业的领军作用。

四、战略保障与实施

（一）强化组织保障

与国家科技部、国家卫生健康委员会、农业农村部、国家市场监督管理总局及军队等部门在各自职能范围内开展合作研究，为高等级生物安全实验室设备研发科技战略、经费投入、市场培育、国际合作等方面提供指导意见。

（二）加强决策支撑

发挥国家和军队生物安全专家委员会、智库与情报部门的科学决策支撑作用。国家级生物安全专家委员会设置高等级生物安全实验室装备研发分委会，为实验室生物安全设备发展重点方向提出指导意见。中华预防医学会生物安全与防护装备分会等学术团体应定期组织高等级生物安全实验室设备研发专家研讨。中国工程院、军事科学院等要充分发挥实验室生物安全设备发展方面的智库作用。

（三）持续经费投入

国家应进一步加大实验室生物安全设备研发的支持力度，保持稳定的高等级生物安全实验室设备研发科研投入。国家科技重大专项、重点研发计划等科技项目中要加强对高等级生物安全实验室设备研发的投入。国家科技部与军委科技委要加强在高等级生物安全实验室设备研发方面的沟通协调，加强高等级生物安全实验室设备研发经费投入。鼓励相关企业加强高等级生物安全实验室设备研发经费投入。

（四）创新机制体制

国家扶持相关企业，在税收、企业用地等方面采取灵活方式，提高企业积极性。国家鼓励人工智能等高等级生物安全实验室设备前沿技术方面的研发，宽容失败。国家鼓励新建高等级生物安全实验室购买国产高质量产品。在引进和稳定迫切需要的高端人才方面采取灵活的措施。

参 考 文 献

［1］高福, 武桂珍. 中国实验室生物安全能力发展报告. 北京: 人民卫生出版社, 2016.

［2］United States Government Accountability office. High-Containment Biosafety Laboratories: Preliminary Observations on the Oversight of the Proliferation of BSL-3 and BSL-4 Laboratories in the United States. Government Accountability Office Reports, 2007.

［3］郑涛. 生物安全学. 北京: 科学出版社, 2014.

［4］陈洁君. 高等级病原微生物实验室建设科技进展. 生物安全学报, 2018, 27 (02): 8-15.

［5］田德桥. 美国生物防御. 北京: 中国科学技术出版社, 2017.

［6］中国合格评定国家认可中心. 生物安全四级实验室管理指南. 北京: 中国质检出版社 / 中国标准出版社, 2015.

［7］中国动物疫病预防控制中心 / 中国农业科学院哈尔滨兽医研究所译. 生物安全四级实验室. 北京: 中国农业出版社, 2012.

［8］陆兵, 李京京, 程洪亮, 等. 我国生物安全实验室建设和管理现状. 实验室研究与探索, 2012, 31 (1): 192-196.

［9］田德桥, 陆兵. 中国生物安全相关法律法规标准选编. 北京: 法律出版社, 2017.

［10］世界卫生组织. 实验室生物安全手册. 3 版. 日内瓦: 世界卫生组织, 2004.

［11］全国认证认可标准化技术委员会. GB 19489—2008 实验室 生物安全通用要求理解与实施. 北京: 中国标准出版社, 2010.

［12］中国建筑科学研究院, 生物安全实验室建筑技术规范: GB 50346—2011. 北京: 中国建筑工业出版社, 2012.

［13］中国疾病预防控制中心病毒病预防控制所. 病原微生物实验室生物安全通用准则: WS 233—2017. 北京: 中国标准出版社, 2017.

［14］中国合格评定国家认可中心. 实验室设备生物安全性能评价技术规范: RB/T 199—2015. 北京: 中国标准出版社, 2016.

［15］曹国庆, 张彦国, 翟培军, 等. 生物安全实验室关键防护设备性能现场检测与评价. 北京: 中国建筑工业出版社, 2018.

［16］曹国庆, 王君玮, 翟培军, 等. 生物安全实验室设施设备风险评估技术指南. 北京: 中国建筑工业出版社, 2018.

［17］曹国庆, 唐江山, 王栋, 等. 生物安全实验室设计与建设. 北京: 中国建筑工业出版社, 2019.

［18］吕京, 王荣, 祁建城, 等. 生物安全实验室通风系统 HEPA 过滤器原位消毒及检漏方案. 暖通空调, 2011, 41 (5): 79-84.

［19］张宗兴, 衣颖, 赵明等. 风口式生物安全型高效空气过滤装置的研制. 中国卫生工程学, 2013, 12 (1): 1-3.

［20］吴新洲, 张亦静. 浅谈高级别生物安全实验室活毒废水处理系统. 洁净与空调技术, 2008, 9 (3):

40-43.

［21］刘静，孙燕荣．我国实验室生物安全防护装备发展现状及展望．中国公共卫生，2018, 34 (12): 1700-1704.

［22］赵赤鸿，李晶，刘艳，等．加拿大生物安全标准与指南．北京：科学出版社，2017.

［23］Wedum, Arnold G. Bacteriological Safety. Am J Public Health Nations Health, 1953, 43 (11): 1428-1437.

［24］梁慧刚，黄翠，马海霞，等．高等级生物安全实验室与生物安全．中国科学院院刊，2016, 31 (4): 452-456.

［25］杨旭，梁慧刚，沈毅，等．关于加强我国高等级生物安全实验室体系规划的思考．中国科学院院刊，2016, 31 (10): 1248-1254.

［26］冯昌扬．国内外专利研究文献综述：2003—2012 年．知识管理论坛，2013,(1): 52-62.

［27］张曙，张甫，许惠青，等．基于 Innography 平台的核心专利挖掘、竞争预警、战略布局研究．图书情报工作，2013, 57 (19): 127-133.

［28］刘晓宇，李思思，赵赤鸿，等．全国生物安全三级实验室建设与管理现况调查与分析．疾病监测，2014, 29 (5): 415-419.

［29］高福，魏强，李晶，等．中国实验室生物安全能力发展报告——管理能力调查与分析．北京：人民卫生出版社，2015.